CPEC

国家级实验教学示范中心联席会
计算机学科组规划教材

U0645657

Python程序设计实验与实训案例教程

李慧 陈艳艳 主编

杨玉 高勇 张巧生 毕野 刘登志 副主编

清华大学出版社
北京

内 容 简 介

本书将基础实验与实训案例有机结合,循序渐进地介绍 Python 程序设计的实验与实训项目。全书分为基础实验篇和实训案例篇,共 21 章。基础实验篇介绍 Python 程序开发环境和程序结构、运算符与表达式、字符串操作与格式化、选择结构、循环结构、控制结构综合实验、函数定义与调用、递归函数、列表及元组的使用、字典及集合的使用、组合数据类型综合实验、文件和数据格式化、程序设计综合实验、科学计算与可视化库、网络爬虫。实训案例篇包括 6 个实训案例,每个案例都对应案例简介与设计讲解,并给出了实现代码。

本书主要面向高等学校师生,可作为高等学校程序设计基础课程的教材,也可以作为 Python 研发人员的技术参考书。

图书在版编目(CIP)数据

Python 程序设计实验与实训案例教程 / 李慧,陈艳艳主编. -- 北京 :清华大学出版社,2025. 7.
(国家级实验教学示范中心联席会计算机学科组规划教材). -- ISBN 978-7-302-69681-0

Ⅰ. TP312.8

中国国家版本馆 CIP 数据核字第 2025876GJ4 号

责任编辑:陈景辉
封面设计:刘　键
责任校对:徐俊伟
责任印制:刘　菲

出版发行:清华大学出版社
　　　　网　　　址:https://www.tup.com.cn,https://www.wqxuetang.com
　　　　地　　　址:北京清华大学学研大厦 A 座　　　邮　　编:100084
　　　　社 总 机:010-83470000　　　　　　　　　邮　　购:010-62786544
　　　　投稿与读者服务:010-62776969,c-service@tup.tsinghua.edu.cn
　　　　质量反馈:010-62772015,zhiliang@tup.tsinghua.edu.cn
　　　　课件下载:https://www.tup.com.cn,010-83470236
印 装 者:小森印刷(天津)有限公司
经　　销:全国新华书店
开　　本:185mm×260mm　　印　张:15　　　　　　字　　数:378 千字
版　　次:2025 年 8 月第 1 版　　　　　　　　　印　　次:2025 年 8 月第 1 次印刷
印　　数:1~1500
定　　价:59.90 元

产品编号:110672-01

前　言

随着信息技术的飞速发展,Python 作为一种简洁、优雅且功能强大的编程语言,逐渐成为编程行业的热门选择。它广泛应用于数据科学计算、软件开发、云计算、人工智能等领域,完成数据分析与可视化、Web 编程、机器学习等任务。它拥有最大的 Python 程序设计开放社区,该社区提供了极其丰富的开源函数库,吸引不同行业的编程爱好者以一门简单易学的语言开启通过程序设计解决实际问题的美好体验。

本书主要内容

本书可视为一本以问题为导向、以案例为驱动的书籍,非常适合程序设计初学者。本书的目的是为读者提供一个全面、系统且实用的 Python 程序设计实验指导助手。通过实验,读者不仅能够巩固和深化对 Python 基本语法的理解,还将学会运用 Python 程序设计解决实际问题的方法。同时,本书还配有进阶性的实训案例,旨在培养读者的创新能力和团队协作精神,为未来的职业发展打下坚实的基础。

全书分为两部分,共有 21 章。

第一部分为基础实验篇,包括第 1~15 章。第 1 章为 Python 程序开发环境和程序结构,包括 Python 语言开发环境的安装与配置、掌握 IDLE 的使用方法、初识 turtle 库。第 2 章为运算符与表达式,包括 Python 语言基本语法元素、基本数据类型、理解变量与常量、Python 表达式的应用。第 3 章为字符串操作与格式化,包括字符串的编码、索引方式、字符串的基本操作、字符串格式化输出的方法和基本数据类型的运算操作。第 4 章为选择结构,包括 if 语句的单分支结构、if 语句的双分支结构、if 语句的多分支结构。第 5 章为循环结构,包括 for 语句的遍历循环结构、while 语句的无限循环结构、循环保留字 continue 和 break 的区别、程序的 try-except 异常处理方法。第 6 章为控制结构综合实验,包括 random 库的用法、分支语句的常用嵌套结构、循环语句的常用嵌套结构。第 7 章为函数定义与调用,包括函数的定义和调用、形参与实参和函数返回值概念、变量的作用域概念、Lambda 函数的概念和特点。第 8 章为递归函数,包括递归函数的定义和使用方法、经典递归算法思想。第 9 章为列表及元组的使用,包括列表概念及列表的使用、列表的专用操作方法、元组与列表的区别。第 10 章为字典及集合的使用,包括字典和集合的概念、分支语句的常用嵌套结构、循环语句的常用嵌套结构。第 11 章为组合数据类型综合实验,包括元组、列表与字典的系列操作函数及相关方法、3 类基本组合数据类型、字典概念及使用、组合数据结构进行文本词频统计、第三方库 jieba。第 12 章为文件和数据格式化,包括文件的打开、关闭和读写,数据组织的维,CSV 格式数据文件操作方法,PIL、jieba、WordCloud 等第三方库的使用方法。第 13 章为程序设计综合实验,包括字典、列表的应用、函数参数传递的高级用法、文件操作、模块化编程思想的训练。第 14 章为科学计算与可视化库,包括用 NumPy 和 Matplotlib 库进行简单的数据分析与可视化。第 15 章为网络爬虫,包括 Requests 库获取静态网页的基本方法、Beautiful Soup 提取静态网页信息的主要技术。

第二部分为实训案例篇,包括第 16～21 章,每章为一个案例。第 16 章为海洋经纬距离计算,第 17 章为连云港海域海水深度、温度分布数据图绘制,第 18 章为连云港旅游线路图绘制,第 19 章为港口物流记录管理,第 20 章为股票 K 线和均线绘制,第 21 章为中药配方可视化展示。每章包括案例简介、相关知识、案例设计、案例结语等内容。

本书特色

(1) 问题驱动,由浅入深。

本书通过问题分析,由浅入深、循序渐进地对 Python 程序设计的核心知识进行讲解与探究,为读者理解程序设计思想提供便利和支持。

(2) 实验巩固,案例深化。

本书通过基础实验巩固核心知识点,每个实验都配有知识点的讲解与总结,面向不同专业精心编写实训案例,发挥程序设计在各个专业发展中的助力作用。

(3) 风格简洁,使用方便。

本书风格简洁明快,对于非重点的内容不作长篇论述,以便读者在学习过程中明确内容之间的逻辑关系,更好地掌握核心知识。

配套资源

为便于教与学,本书配有源代码、教学课件、教学大纲、教案、教学进度表、案例素材、习题题库、期末试卷及答案。

(1) 获取源代码和案例素材方式:先刮开并用手机版微信 App 扫描本书封底的文泉云盘防盗码,授权后再扫描下方二维码,即可获取。

源代码和案例素材　　　　　　全书网址　　　　　　彩色图片

（2）其他配套资源可以扫描本书封底的"书圈"二维码，关注后回复本书书号，即可下载。

读者对象

本书实例丰富，可作为高等学校相关专业 Python 程序设计课程的教材或教学参考书，适合从事高等教育的专任教师、高等学校的在读学生及相关领域的广大科研人员阅读。

在编写本书的过程中，作者参考了诸多资料，在此对其作者表示衷心的感谢。限于个人水平，书中难免存在疏漏之处，欢迎广大读者批评指正。

作　者

2025 年 3 月

目 录

实训案例篇

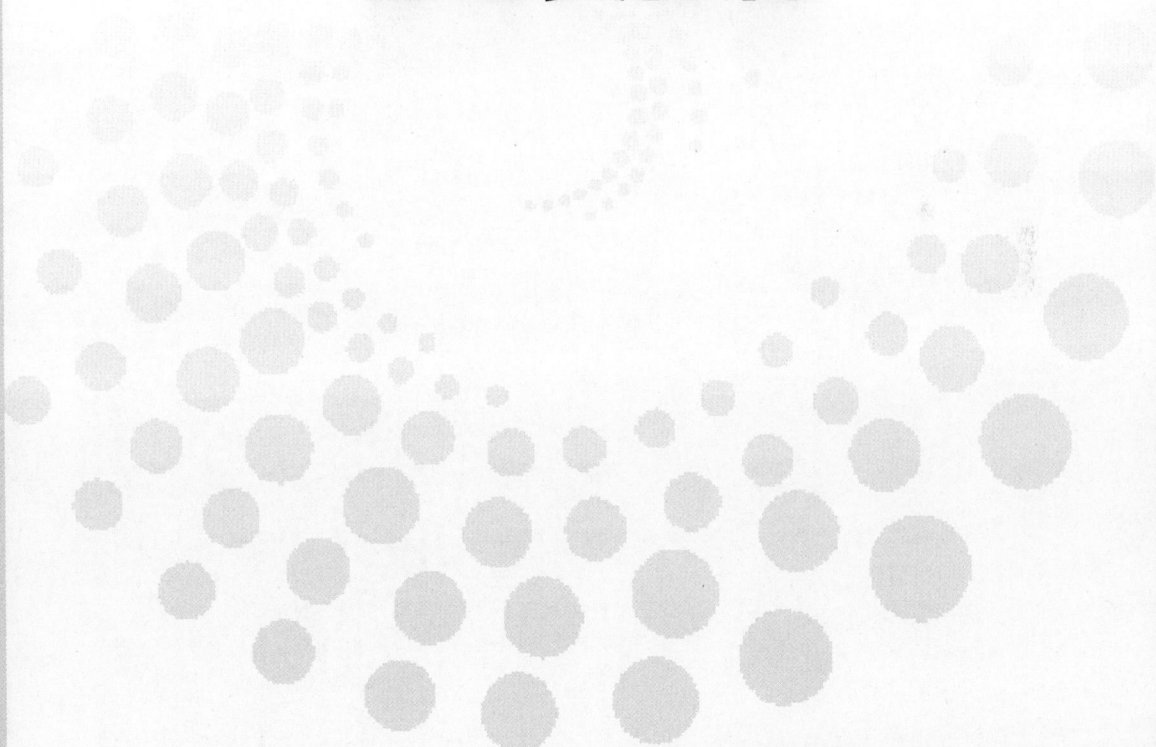

基础实验篇

第 1 章

Python程序
开发环境和程序结构

CHAPTER *1*

🔑 1.1 实验目的与要求

(1) 熟悉 Python 语言开发环境的安装与配置。

掌握 Python 解释器的安装，认识常用的 Python 语言开发环境，对 IDLE、PyCharm 等开发工具有初步的了解，掌握 IDLE 的配置方法。

(2) 掌握 IDLE 的使用方法。

掌握在 IDLE 中创建、编辑、运行和调试 Python 程序的方法，掌握程序的两种运行方式：交互式和文件式。

(3) 初识 turtle 库。

熟悉 turtle 绘图库的基本用法和功能，了解通过编程实现图形的绘制方法。

🔑 1.2 知识要点

1. 安装 Python

可以在 Python 主页（网址详见前言二维码）中下载并安装 Python 基本开发和运行环境。读者可以根据不同的操作系统选择安装不同版本，目前的新版本为 Python 3.13.0，全国计算机等级考试要求 Python 3.5.3～Python 3.9.10 版本。为了与全国计算机等级考试相匹配，可下载 Python 3.9.10 版本程序。Python 3.9.10 版本下载页面显示如图 1-1 所示。

Version	Operating System
Gzipped source tarball	Source release
XZ compressed source tarball	Source release
macOS 64-bit Intel-only installer	macOS
macOS 64-bit universal2 installer	macOS
Windows installer (64-bit)	Windows
Windows installer (32-bit)	Windows
Windows help file	Windows
Windows embeddable package (64-bit)	Windows
Windows embeddable package (32-bit)	Windows

图 1-1 Python 3.9.10 版本下载页面显示

笔者是 Windows 64 位操作系统，此处选择 Windows Installer(64-bit)；将会下载 python-3.9.10-amd 64.exe 安装包到本机，保存位置可自行决定。下载结束后双击该安装包，将显示图 1-2 所示的窗口，注意选中 Add Python 3.9 to PATH 复选框，初学者只需单击 Install Now 按钮即可开始安装。安装成功后显示窗口如图 1-3 所示。

图 1-2　安装程序的启动窗口

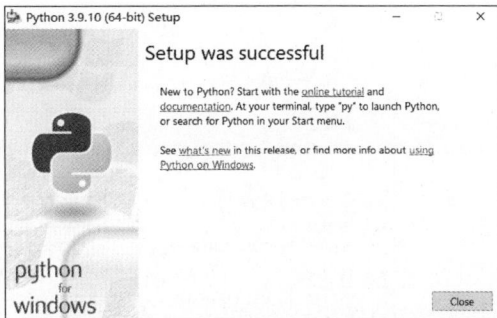

图 1-3　安装成功后显示窗口

安装结束后,可在环境变量中查看 Path 变量的变化。打开"系统属性"对话框,如图 1-4 所示,单击"环境变量"按钮,在"环境变量"对话框(见图 1-5)中双击 Path 选项即可编辑 Path 变量的内容,发现其值增加了 2 项: C:\Users\cyy\AppData\Local\Programs\Python\Python39\Scripts\ 和 C:\Users\cyy\AppData\Local\Programs\Python\Python39\。注意,根据 Python 安装路径不同,此值也会不同。"编辑环境变量"对话框如图 1-6 所示。

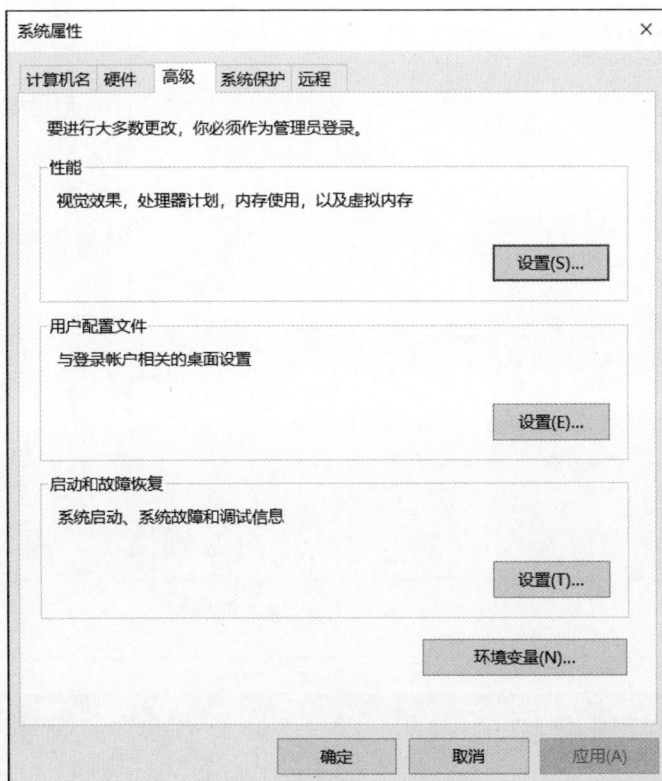

图 1-4　"系统属性"对话框

安装成功后,在 Windows 命令行方式下输入 Python,显示图 1-7 所示命令即表示安装成功,窗口中显示 Python 的版本信息,并显示其提示符>>>。

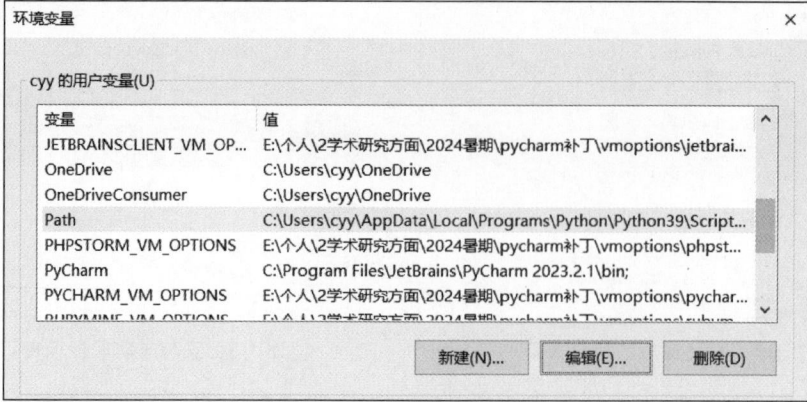

图 1-5 "环境变量"对话框

图 1-6 "编辑环境变量"对话框

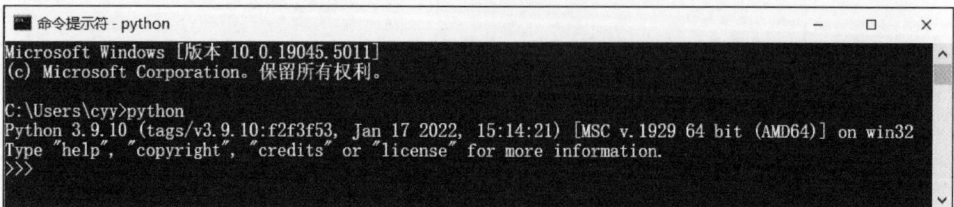

图 1-7 命令行启动 Python 的显示

2. IDLE

IDLE(Python's Intergrated Development Environment)是开发 Python 程序的基本集成开发环境(Integrated Development Environment,IDE),也是 Python 软件包自带的 IDE,具备基本的集成开发功能,是非商业化的 Python 开发工具。其在"开始"菜单中显示如图 1-8 所示。运行 IDLE 后的显示窗口如图 1-9 所示。

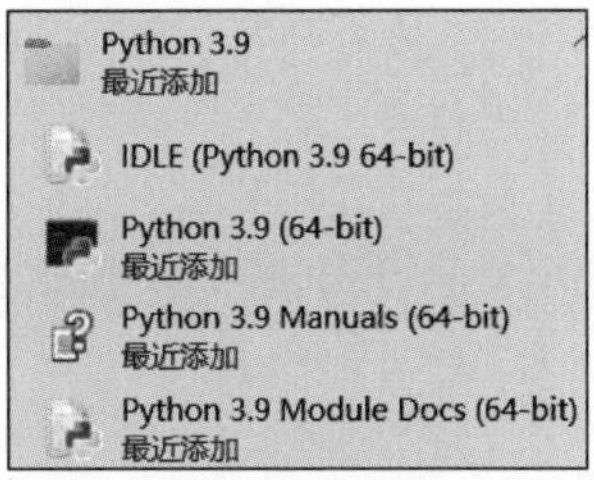

图 1-8　Python 安装后在"开始"菜单中的显示

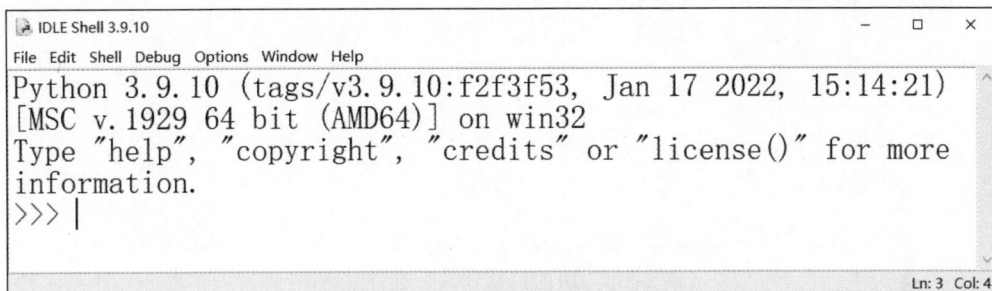

图 1-9　IDLE 显示界面

在 IDLE 中运行 Python 程序有两种方式:交互式和文件式。

(1) 交互式运行方式指在命令提示符>>>后输入一条代码,Python 解释器立即响应,给出输出结果,如图 1-10 所示。

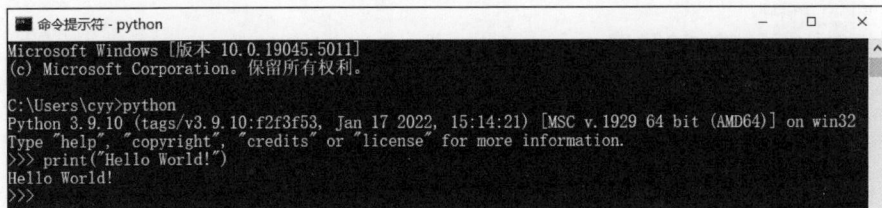

图 1-10　交互式运行窗口

也可以在 Python Shell 窗口中输入交互式运行 Python 代码,如图 1-11 所示。交互式运行程序的方式只适用调试少量代码的情况,最常用的程序运行方式还是文件式。

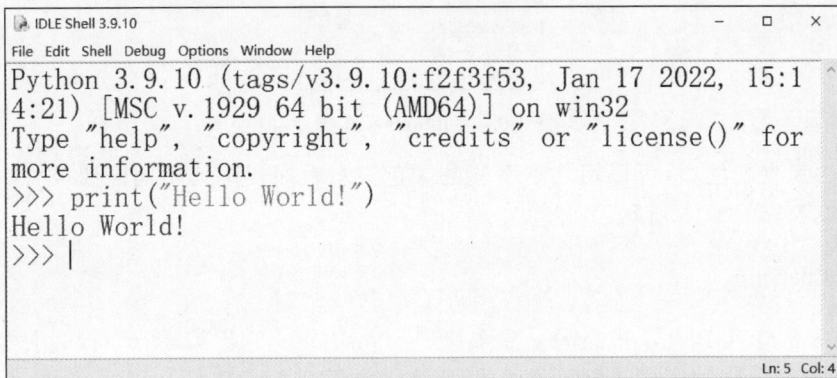

图 1-11　Python Shell 窗口交互式运行显示

（2）文件式运行方式指将 Python 代码写在.py 源文件中，然后由 Python 解释器一次性地执行源文件中的所有代码，产生相应的输出结果。

在 IDLE 编辑器中编写多条代码的程序，并保存为 1.py 文件，按 F5 键或选择 Run→Run Module 选项，即可以文件式运行该文件（图 1-12），并在 Python Shell 窗口显示输出结果，如图 1-13 所示。

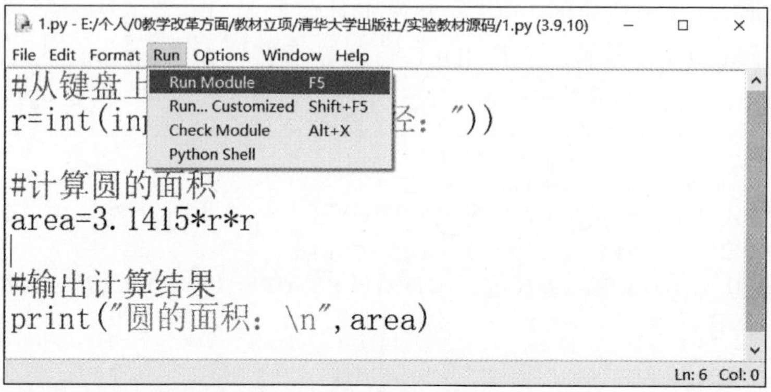

图 1-12　IDLE 编辑代码及运行菜单

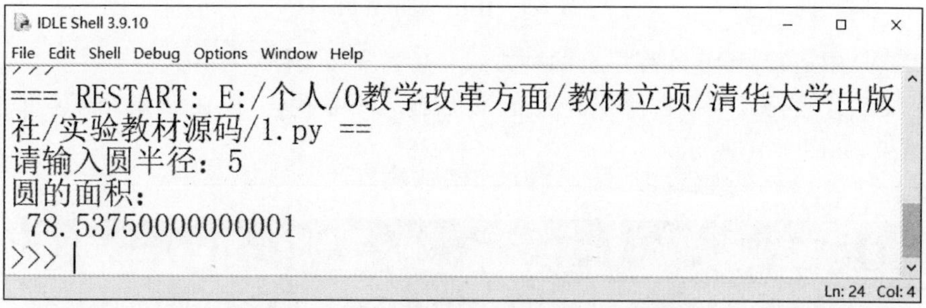

图 1-13　运行程序后 Python Shell 结果显示

值得说明的是，IDLE 作为 Python 的基本 IDE，具有语法加亮、段落缩进、基本文本编辑、Table 键控制、调试程序等功能，可在其菜单项中选择 Options→Configure IDLE 选项进行配置，如图 1-14 所示。

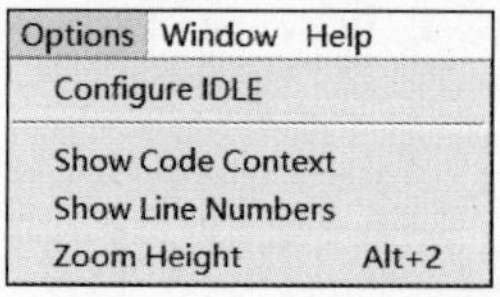

图 1-14　Options 菜单显示

在语法加亮功能中，可以用几种不同的颜色表示程序代码的不同语法成分。IDLE 的语法加亮设置如图 1-15 所示。

3. PyCharm

PyCharm 是 JetBrains 出品的一款主流 Python IDE。它集编辑、运行和调试功能为一体，具备智能代码补全、语法检查、调试器、版本控制等功能。PyCharm 的主界面如图 1-16 所示。

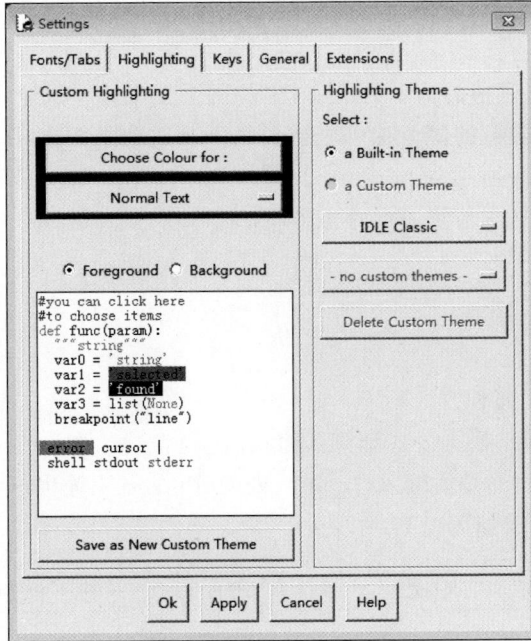

图 1-15　IDLE 的语法加亮设置

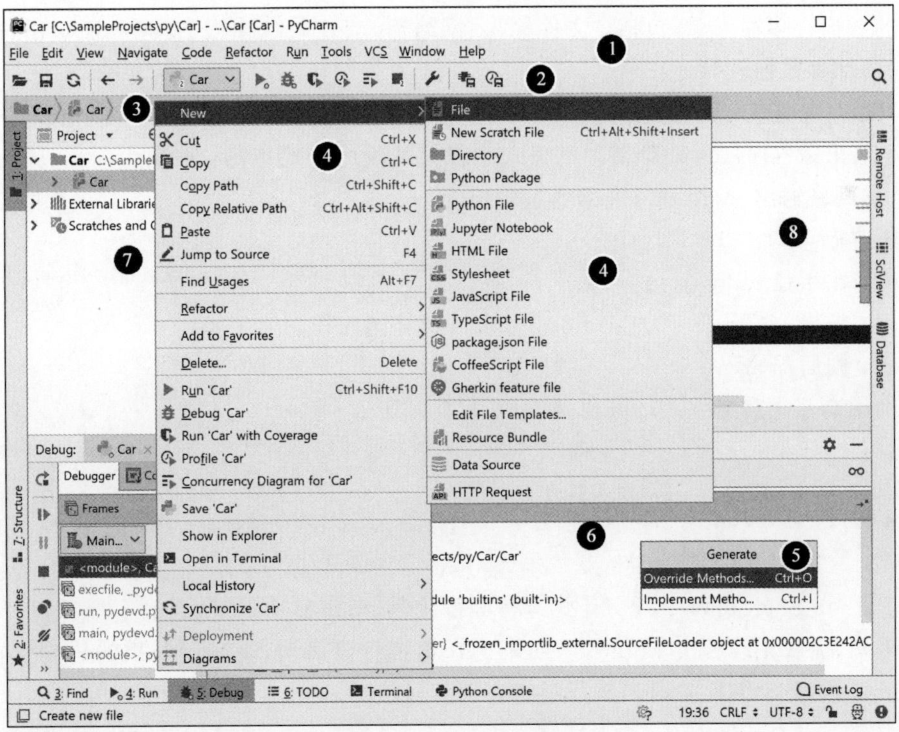

图 1-16　PyCharm 主界面

图中标号含义为：

①——主菜单　　②——工具栏　　③——导航栏　　④——上下文菜单
⑤——弹出式菜单　⑥——运行结果窗口　⑦——项目结构区　⑧——代码编辑区

4. 绘图库 turtle

turtle 是 Python 语言中的一个标准库，主要用于在二维平面上绘制各种图形，也称为海龟库。其基本思想是虚拟的海龟在一个笛卡儿坐标系的平面上移动，以其移动轨迹绘制线条和图形。使用该库前须用 import turtle 导入，以 turtle. ** ( ) 函数的形式调用相关函数进行绘图。详细内容见本节实验的难点分析。

🔑 1.3 实例验证

【实例 1-1】 计算圆面积。

由键盘输入圆的半径，根据公式计算其面积。

解题指导：通常程序都是由输入（Input）、处理（Process）、输出（Output）三部分组成，称为 IPO 程序。程序的组成如图 1-17 所示。

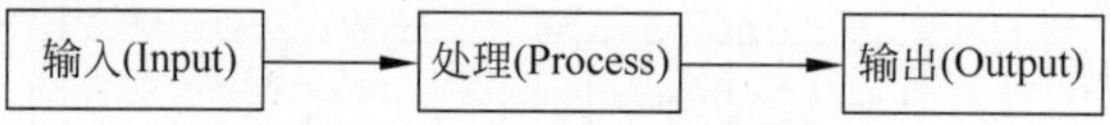

```
输入(Input)  →  处理(Process)  →  输出(Output)
```

图 1-17 IPO 程序的组成

（1）输入是一个程序的起点。程序对输入的数据进行必要的加工，得到想要的结果。要处理的数据有多种来源，包括：文件输入、网络输入、控制台输入、交互界面输出、随机数据输入、内部参数输入等。

（2）处理是程序对输入数据进行加工产生输出结果的过程，处理是一个程序的核心步骤。

（3）输出是程序展示处理结果的方式。常见的输出方式包括：控制台输出、图形输出、文件输出、网络输出、操作系统内部变量输出等。

分析本题可知：

输入：圆半径 radius。

处理：根据公式 area＝π * radius * radius 计算圆面积。

输出：圆面积 area。

分别用交互式和文件式计算机圆面积，代码如下：

```
＃实例 1-1 求圆面积
radius = int(eval(input("请输入圆的半径:")))        ＃从键盘输入圆的半径
area = 3.14 * radius * radius                      ＃计算圆的面积
print("圆的面积:", area)                            ＃输出计算结果
```

在 Python Shell 窗口中以交互式运行 3 行代码，窗口显示如下，在命令提示符>>>后输入一条语句，确认无误后按 Enter 键（回车键），则执行该语句，有显示结果的语句将在本行下显示结果，无显示结果的语句执行后将在下行显示>>>。

```
>>> radius = int(eval(input("请输入圆的半径:")))
请输入圆的半径:5
>>> area = 3.14 * radius * radius
>>> print("圆的面积:", area)
圆的面积: 78.5
```

以文件方式运行程序,首先打开 IDLE,按 Ctrl+N 组合键打开一个新窗口,输入代码并保存为 e1-1.py(py 是 Python 源程序文件的扩展名),按 F5 键或运行菜单即可运行该程序,运行结果如下所示。

```
==================== RESTART: e1－1.py ==================
请输入圆的半径:5
圆的面积: 78.5
```

【实例 1-2】　温度转换。

有两种不同的方式可以表示温度:摄氏温度和华氏温度,利用 Python 程序进行两种不同温度之间的转换。

解题指导:根据 IPO 方式设计,确定输入、处理、输出三部分的具体内容。

输入:华氏或摄氏温度值、温度标识符。F 表示华氏温度,如 82F 表示 82 华氏度;C 表示摄氏温度,如 28C 表示 28 摄氏度。

处理:温度换算方法。此处用公式进行换算,$C=(F-32)/1.8$ 和 $F=C*1.8+32$。

输出:将换算后的摄氏或华氏温度值、温度标识符显示出来。

此处需要对输入值进行判断,才能选择采用哪个公式进行换算。因此,要用到分支结构语句,本例中使用 if 语句,请注意理解,代码如下:

```
# 实例 1－2 温度转换
Temperature = input("请输入带有符号的温度值:")   # 从键盘输入温度字符串
if Temperature [－1] in ['F','f']:              # 判断最后一个字符是否是 F 或 f
    C = (eval(Temperature [0:－1]) － 32)/1.8     # 截取除最后一个字符以外的其他字符,转换计算
    print("转换后的温度是{:.2f}C".format(C))
elif Temperature [－1] in ['C','c']:            # 判断最后一个字符是否是 C 或 c
    F = 1.8 * eval(Temperature [0:－1]) + 32     # 将摄氏温度转换为华氏温度
    print("转换后的温度是{:.2f}F".format(F))
else:
    print("输入格式错误")
```

特别说明:程序中各种符号都采用西文字符输入,不要用中文符号,否则程序运行时会出错。

运行两次,输入值分别为 82F 和-30C,运行结果如下所示。

```
==================== RESTART: e1－2.py ==================
请输入带有符号的温度值:82F
转换后的温度是 27.78C
>>>
请输入带有符号的温度值:－30C
```

【实例 1-3】　绘制红色五角星。

通过引用 turtle 库,调用其中的多个方法绘制红色五角星,代码如下:

```
# 实例 1－3 绘制红色五角星
import turtle              # 引入 turtle 函数库
turtle.color('red')       # 调用函数库中的 color 函数设置画笔颜色
turtle.begin_fill()
for i in range(5):
    turtle.fd(200)        # 前进 200 个像素点
    turtle.rt(144)        # 向右转 144°
```

```
turtle.end_fill()
turtle.done()
```

运行结果如图 1-18 所示。

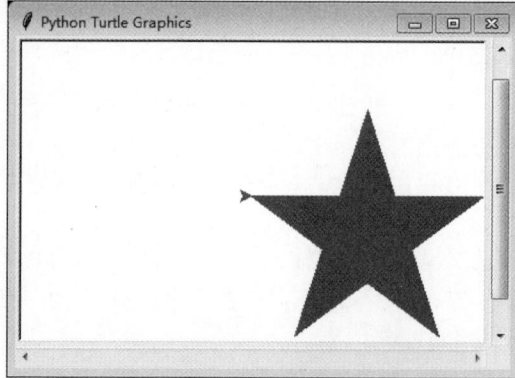

图 1-18   实例 1-3 绘制的五角星

【实例 1-4】 绘制蟒蛇。

```
#实例 1－4 绘制蟒蛇
import turtle                          #导入绘图 turtle 库
turtle.setup(650, 350, 200, 200)       #设置绘图窗口的大小和位置
turtle.penup()                         #抬起画笔
turtle.fd( -250)                       #将画笔后移 250
turtle.pendown()                       #放下画笔,开始绘图
turtle.pensize(25)                     #设置画笔粗细为 25 像素
turtle.pencolor("purple")              #设置画笔颜色为紫色
turtle.seth( -40)                      #设置画笔绘制方向为－40°
for i in range(4):
    turtle.circle(40, 80)              #绘制弧形
    turtle.circle( -40, 80)
turtle.circle(40, 80/2)
turtle.fd(40)                          #画笔前进 40
turtle.circle(16, 180)
turtle.fd(40 * 2/3)
```

以上程序运行后,绘制蟒蛇形的图形,如图 1-19 所示。

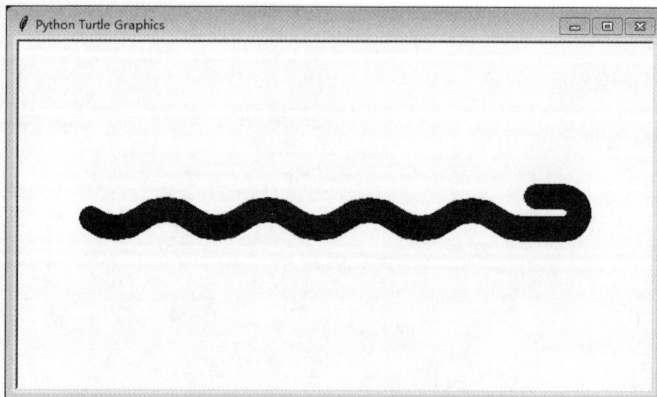

图 1-19   实例 1-4 绘制的蟒蛇

思考与练习

1. 设计实现货币兑换程序。在实例 1-2 温度转换程序基础上，按照 1 美元＝7 元人民币汇率，编写一个美元和人民币的双向兑换程序。

2. 绘制五角星有多种方法，再设计另外一种方法来绘制五角星。

1.4 实验任务

1. 程序填空

【填空 1-1】 使用 turtle 库绘制一个边长为 200 的正方形，效果如图 1-20 所示。请在代码中横线处补充缺失的程序语句。

```
# tk1 - 1.py
import turtle
d = 0
for i in range(_____):          # 绘制正方形的 4 条边
    turtle.fd(_____)            # 绘制长度为 200 的直线
    d = _____                   # 计算海龟行进的角度值
    turtle.seth(d)                     # 设置海龟行进的角度值
```

【填空 1-2】 绘制彩色等边三角形，如图 1-21 所示。

图 1-20 边长为 200 的正方形   图 1-21 彩色等边三角形

```
# tk1 - 2.py
from_____import *              # 引入绘制图形库
colormode(255)                        # 设置颜色模式为整数值(0~255)
_____(10)                      # 设置画笔粗细为 10 个像素宽
pencolor((0,255,0))                   # 设置画笔颜色为绿色
fd(100)
seth(120)
pencolor((255,0,0))                   # 设置画笔颜色为红色
fd(100)
pencolor((0,0,255))                   # 设置画笔颜色为蓝色
seth(_____)
fd(100)
```

2. 编程

【编程 1-1】 编写程序,实现角度到弧度值的转换,1 角度＝π/180 弧度,1 弧度＝180/π 角度。

【编程 1-2】 编写程序,绘制彩色同心圆。参考界面如图 1-22 所示。

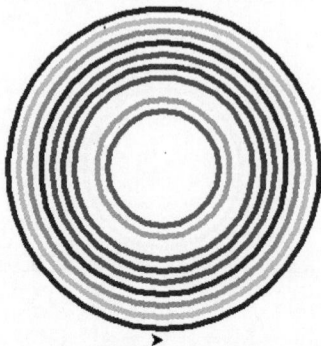

图 1-22　编程 1-2 绘制的同心圆

1.5　难点分析

1. turtle 库的使用

turtle 库是一个图形绘制库,是 Python 的标准库之一。turtle 库绘制图形有一个基本框架:一个小海龟在坐标系中爬行,其爬行轨迹形成了绘制图形。对于小海龟来说,有"前进""后退""旋转"等爬行行为,对坐标系的探索也通过"前进方向""后退方向""左侧方向"和"右侧方向"等小海龟自身角度方位来完成。

使用 import 保留字对 turtle 库的引用有如下三种方式。

第一种,import turtle,则对 turtle 库中函数调用采用 turtle.<函数名>()形式。

第二种,from turtle import ＊,则对 turtle 库中函数调用直接采用<函数名>()形式,不再使用 turtle. 作为前导。

第三种,import turtle as t,则对 turtle 库中函数调用采用更简洁的 t.<函数名>()形式,保留字 as 的作用是将 turtle 库给予别名 t。

```
import turtle as t
t.circle(200)
```

2. turtle 库函数

turtle 库包含 100 多个功能函数,主要包括窗体函数、画笔状态函数、画笔运动函数三类。

窗体函数如下:

```
turtle.setup(width,height,startx,starty)
```

作用:设置主窗体的大小和位置。

参数：①width 为窗口宽度，如果值是整数，表示像素值；如果值是小数，表示窗口宽度与屏幕的比例；②height 为窗口高度，如果值是整数，表示像素值；如果值是小数，表示窗口高度与屏幕的比例；③startx 为窗口左侧与屏幕左侧的像素距离，如果值是 None，窗口位于屏幕水平中央；④starty 为窗口顶部与屏幕顶部的像素距离，如果值是 None，窗口位于屏幕垂直中央。

常用的画笔状态函数如表 1-1 所示。

表 1-1　常用的画笔状态函数

序号	函　数	描　述
1	pendown()、pd()、down()	放下画笔，海龟移动时开始绘制线条
2	penup()、pu()、up()	提起画笔，海龟移动时不绘制线条，与 pendown() 配对使用
3	pensize(width)	设置画笔宽度，以像素为单位
4	pencolor(color)	设置画笔颜色，颜色可以用名称（如 'red'、'green' 等）表示，也可以用十六进制颜色码（如 '♯FF0000' 代表红色，'♯00FF00' 代表绿色等）表示
5	begin_fill()	在绘制封闭图形之前调用，用于标记填充的开始
6	end_fill()	在绘制完封闭图形后调用，用于标记填充的结束，并填充由 begin_fill() 开始标记的封闭区域
7	filling()	返回填充的状态，True 为填充，False 为未填充
8	clear()	清空当前窗口，但不改变当前画笔的位置
9	reset()	清空当前窗口，并重置画笔位置、方向等状态为默认值
10	screensize()	设置画布的长和宽
11	hideturtle()	隐藏画笔的 turtle 形状
12	showturtle()	显示画笔的 turtle 形状
13	isvisible()	如果 turtle 可见，则返回 True
14	done()	保持绘图窗口显示，直到用户手动关闭窗口。通常在程序的最后调用此函数，以确保能够看到绘制的图形

常用的画笔运动函数如表 1-2 所示。

表 1-2　常用的画笔运动函数

序号	函　数	描　述
1	forward()、fd()	沿着当前方向前进指定距离，单位为像素
2	backward()、bk()	沿着当前相反方向后退指定距离，单位为像素
3	right(angle)、rt()	向右旋转 angle 角度，angle 是相对海龟当前方向的右转角度值
4	left(angle)、lt()	向左旋转 angle 角度，angle 是相对海龟当前方向的左转角度值
5	seth(angle)、setheading()	设置海龟的前进方向，参数 angle 是绝对角度值
6	goto(x,y)	移动到绝对坐标(x,y)处
7	setx()	将当前 x 轴移动到指定位置
8	sety()	将当前 y 轴移动到指定位置
9	home()	设置当前画笔位置为原点，朝向东
10	circle(radius,e)	绘制一个指定半径 r 和角度 e 的圆或弧形
11	dot(r,color)	绘制一个指定半径 r 和颜色 color 的圆点
12	undo()	撤销画笔最后一步动作
13	speed()	设置画笔的绘制速度，参数为 0~10，0 表示最快速度（无动画效果），1~10 速度逐渐变慢

第2章

运算符与表达式

CHAPTER 2

⚷ 2.1　实验目的与要求

（1）了解 Python 语言基本语法元素。

程序的格式框架、缩进、注释、变量、命名、保留字、数据类型、赋值语句、引用、基本输入输出函数。

（2）掌握基本数据类型。

Python 语言提供整数、浮点数、复数三种数字类型，根据操作数的个数，可以将运算符分为单目、双目和多目运算符。根据运算种类又分为算术运算符、关系运算符、逻辑运算符等。

（3）理解变量与常量。

需要理解变量与常量的概念，掌握变量与常量的声明方法，对于变量，还需要掌握对其进行初始化的方法。

（4）掌握 Python 表达式的应用。

当在 Python 表达式中进行运算时，经常会出现不同数据类型在一起运算的情况，产生数据类型转换的情况，转换方法可以分为自动类型转换和强制类型转换。

⚷ 2.2　知识要点

1. 内置的常用数值运算操作符

内置的常用数值运算操作符包括＋（加）、－（减）、＊（乘）、/（商）、//（商的最大整数）、%（余数）、－（负值）、＊＊（幂）。

2. 内置的常用数值运算函数

内置的常用数值运算函数包括如下几种。

abs(x)：x 的绝对值。

pow(x,y)：求幂，计算并返回 x 的 y 次方的值。

int(x)：舍弃小数部分，将 x 转换为整数。

round(x[,d])：对 x 四舍五入，保留 d 位小数。

float(x)：将 x 变成浮点数。

max()：取其中最大值。

min()：取其中最小值。

3. 比较运算符

比较运算符包括＞（大于）、＜（小于）、＝＝（等于）、!＝（不等于）、＞＝（大于或等于）、＜＝（小于或等于）。

4．逻辑运算符

逻辑运算符包括 and(与)、or(或)、not(非)。

5．标准函数库 math

标准函数库 math 包括如下几种。

math. pi：圆周率。

math. pow(x,y)：返回 x 的 y 次幂。

math. sqrt(x)：返回 x 的平方根。

math. factorial(x)：返回 x 的阶乘。

🔑 2.3   实例验证

【实例 2-1】   阶乘(factorial 函数)。使用 math 库中的 factorial 函数计算一个正整数的阶乘。

阶乘是一个数学概念，表示为 n!(读作 n 的阶乘)，表示从 1 到 n 的所有正整数的乘积。例如,5!＝5×4×3×2×1＝120。

解题指导：math 库是 Python 的标准库，可以直接加载使用，代码如下：

```
#实例 2-1 阶乘(factorial 函数)
import math
n = eval(input('请输入一个正整数:'))
s = math.factorial(n)
print("该数的阶乘:",s)
```

运行结果参考如下：

```
请输入一个正整数:5
该数的阶乘: 120
```

【实例 2-2】   阶乘(for 语句)。使用 for 循环语句计算一个正整数的阶乘。

解题指导：for 循环语句用于遍历序列(如列表、元组、字符串或字典)或可迭代对象的元素。for 语句结构如下：

```
for <循环变量> in <遍历结构>:
    <语句块>
```

for 语句可以从遍历结构中逐一提取元素，放在循环变量中，并执行一次语句块。

range()函数可创建一个整数列表，一般用在 for 循环中。其语法如下：

range(start, stop[, step])

(1) start：计数从 start 开始，默认是从 0 开始，例如,range(5)等价于 range(0,5)。

(2) stop：计数到 stop 结束(不包括 stop)，例如,range(1,6)是[1,2,3,4,5]，没有 6。

(3) step：步长，默认为 1。例如,range(0,5)等价于 range(0,5,1)。

代码如下：

```
#实例 2-2 阶乘(for 语句)
n = eval(input("请输入一个正整数:"))
s = 1
for i in range(1,n+1):
    s = s*i
print("该数的阶乘:",s)
```

运行结果参考如下:

```
请输入一个正整数:6
该数的阶乘: 720
```

【实例 2-3】 阶乘(if 嵌套 for 语句)。使用 if 多分支嵌套 for 循环语句计算阶乘。

解题指导: if 语句根据判断条件满足后选择执行一个或多个语句。if-elif-else 多分支语句结构如下:

```
if <条件 1>:
    <语句块 1>
elif <条件 2>:
    <语句块 2>
...
else:
    <语句块 n>
```

代码如下:

```
#实例 2-3 阶乘(if 嵌套 for 语句)
n = int(input("请输入一个整数:"))
s = 1
if n < 0:
    print("负数没有阶乘。")
elif n == 0:
    print("0 的阶乘为 1。")
else:
    for i in range(1,n+1):
        s = s*i
    print("{}的阶乘为:{}。".format(n,s))
```

运行结果参考如下:

请输入一个整数: - 5 负数没有阶乘。	请输入一个整数:0 0 的阶乘为:1。	请输入一个整数:8 8 的阶乘为:40320。

【实例 2-4】 阶乘(自定义函数)。使用自定义函数方式计算一个正整数的阶乘。

解题指导: Python 中除了可以使用标准库中的函数,还可以自定义函数,语法形式如下:

```
def <函数名>(<参数列表>):
    <函数体>
    return <返回值列表>
```

函数调用和执行的语法形式如下:

```
<函数名>(<参数列表>)
```

代码如下：

```
#实例 2-4 阶乘(自定义函数)
m = eval(input("请输入一个正整数:"))
def fact(n) :
    s = 1
    for i in range(1, n + 1):
        s * = i
    return s
print("该数的阶乘:",fact(m))
```

运行结果参考如下：

```
请输入一个正整数:9
该数的阶乘: 362880
```

【实例 2-5】　阶乘(递归函数)。使用递归函数方式计算一个非负整数的阶乘。

解题指导：函数定义中调用函数自身的公式称为递归。递归函数一般采用分支语句对输入参数进行判断，具备两大要素：

(1) 终止条件是一个或多个基例，基例不用再递归，是确定的表达式；

(2) 形式上满足父问题可以用类同自身的子问题描述。

递归形式的阶乘表达式如下：

$$n! = \begin{cases} 1 & n = 0 \\ n(n-1)! & \text{其他} \end{cases}$$

代码如下：

```
#实例 2-5 阶乘(递归函数)
n = eval(input("请输入一个非负整数:"))
def fact(n):
    if n == 0:
        return 1
    else:
        return n * fact(n - 1)
print("该数的阶乘:",fact(n))
```

运行结果参考如下：

请输入一个非负整数:0 该数的阶乘:1	请输入一个非负整数:10 该数的阶乘:3628800

🔑 2.4　实验任务

1. 程序填空

【填空 2-1】　获得用户输入的一个整数 s(如：10)，计算并输出 3 的 s 次幂与 500 的和，请在如下代码中填空。

```
#tk2-1.py
s = input("请输入一个整数:")
print(_____)
```

运行结果参考如下:

```
请输入一个整数:10
59549
```

【填空 2-2】 从键盘输入 3 个数作为梯形的上底、下底和高,计算并输出梯形的面积 (保留 1 位小数),请在如下代码中填空。

```
#tk2-2.py
a,b,h = eval(input("请输入上底、下底和高的值:"))
area = (_____)
print(_____)
```

运行结果参考如下:

```
请输入上底、下底和高的值:5.5,6,9
51.8
```

【填空 2-3】 在 4 行中依次输入月收入、伙食费、房租、水电通信等费用,计算并输出每月存款,请在如下代码中填空。

```
#tk2-3.py
s = eval(input())
a = eval(input())
b = eval(input())
c = eval(input())
d = (_____)
print (_____)
```

运行结果参考如下:

```
5000
1500
1000
850
每月存款:1650
```

【填空 2-4】 计算勾股定理斜边。假设平面直角三角形的三条边是 a、b、c,已知直角边 a 和 b 的值,计算并输出斜边 c 的值,请在如下代码中填空。

解题指导:直角三角形的斜边计算公式为 $c = \sqrt{a^2 + b^2}$。

```
#tk2-4.py
_____
a = eval(input("请输入 a:"))
b = eval(input("请输入 b:"))
c = math._____
print("斜边 c:",c)
```

运行结果参考如下：

```
请输入 a:3
请输入 b:4
斜边 c:5.0
```

2. 编程

【编程 2-1】 计算周长。用户输入三角形的 3 条边，计算并输出三角形的周长。

解题指导：第一行输入三角形的 3 条边，第二行输出结果。

运行结果参考如下：

```
3,4,5
12
```

【编程 2-2】 计算完全立方和。用户输入 a 和 b 的值，计算并输出 a 和 b 的完全立方和 $(a+b)^3$ 的结果（保留 2 位小数）。

解题指导：第一行输入 a 和 b 的值，第二行输出结果。

运行结果参考如下：

4,5 729.00	4.3,6 1092.73

🔑 2.5 难点分析

1. 初学者常见错误解析

（1）NameError。命名错误。

`if a>0:`
    `print("正数")`
	`Traceback (most recent call last):`
	`  File "C:/Users/lenovo/Desktop/错误.py", line 1, in <module>`
	`    if a>0:`
	`NameError: name 'a' is not defined`

解析：变量未定义，变量要先定义再使用。	

`a=eval(input())`
`if a>0:`
  `primt("正数")`
	`Traceback (most recent call last):`
	`  File "C:\Users\lenovo\Desktop\错误.py", line 3, in <module>`
	`    primt("正数")`
	`NameError: name 'primt' is not defined`

解析：print()函数输入错误，也会有如变量未定义的错误.内置函数输入正确时，会以紫色文字显示。	

`a1=eval(input())`
`if al>0:`
    `print("正数")`
	`Traceback (most recent call last):`
	`  File "C:/Users/lenovo/Desktop/错误.py", line 3, in <module>`
	`    if al>0:`
	`NameError: name 'al' is not defined`

解析：第一行的 a1 中的 1 是 123 的 1，第二行中的 al 输入的 jkl 的 l。	

（2）TypeError：类型错误。

`a=input()`
`if a>0:`
    `print("正数")`
	`Traceback (most recent call last):`
	`  File "C:/Users/lenovo/Desktop/错误.py", line 2, in <module>`
	`    if a>0:`
	`TypeError: unorderable types: str() > int()`

解析：input()函数返回的是字符串，可以改为 a = eval(input())后参与下一行的数值判断。	

（3）invalid syntax：语法错误。

`a=eval(input)`
`if a%2==0:`
`    print("偶数")`
 	
解析：input()函数少了左括号。
	`a=eval(input()`
	`if a%2==0:`
	`    print("偶数")`
	
	解析：eval()函数少了右括号。虽然红色光亮提示错误在第二行，但也可能错在上一行。
		`a=eval(input())`
		`if a%2=0`
		`    print("偶数")`
		
		解析：0 后面少了冒号。

`a=eval(input())`
`if a%2==0：`
`    print("偶数")`
 	
解析：应该用半角冒号。注意,符号都应用半角(英文状态)输入。
	`a=eval(input())`
	`IF a%2==0:`
	`    print("偶数")`
	
	解析：关键字 if 输入错误。关键字输入正确应为橙色显示。红色光亮提示位置仅供参考。
		`a=eval(input())`
		`if a%2=0:`
		`    print("偶数")`
		
		解析：等于的判断应该用" = ="。

`a=eval(input())`
`if a%2==0:`
`    print("偶数)`
 	
解析：半角双引号少了一个。
	`a=eval(input())`
	`if a%2==0:`
	`    print("偶数"`
	
	解析：print()少了右括号。
		`a=eval(input())`
		`if a%2==0:`
		`print("偶数")`
		
		解析：缩进问题。print 前应有 4 个空格。

2．运算符

（1）增强赋值运算符。主要有＋＝、－＝、＊＝、/＝、％＝、＊＊＝、//＝七种,如表 2-1 所示。

表 2-1　增强赋值运算符

运算符	举例说明	描述
＋＝	x＋＝y 等价于 x＝x＋y	加法：将 x 与 y 相加之和赋给 x
－＝	x－＝y 等价于 x＝x－y	减法：将 x 与 y 相减之差赋给 x
＊＝	x＊＝y 等价于 x＝x＊y	乘法：将 x 与 y 相乘之积赋给 x
/＝	x/＝y 等价于 x＝x/y	除法：将 x 与 y 相除之商赋给 x
％＝	x％＝y 等价于 x＝x％y	求模：将 x 与 y 相除之余数赋给 x
＊＊＝	x＊＊＝y 等价于 x＝x＊＊y	求幂：将 x 的 y 次方赋给 x
//＝	x//＝y 等价于 x＝x//y	取整：将 x 与 y 相除的整数商赋给 x

（2）逻辑运算符。主要有 and、or、not 三种,如表 2-2 所示。

表 2-2　逻辑运算符

运算符	举例说明	描述
and	逻辑与：x and y	"且"：当 x 和 y 两个表达式都为 True 时,结果才为 True,否则为 False
or	逻辑或：x or y	"或"：当 x 和 y 两个表达式都为 False 时,结果才为 False,否则为 True
not	逻辑非：not x	"反"：当 x 为 True 时,结果为 False; x 为 False 时,结果为 True

字符串操作与格式化

CHAPTER **3**

3.1　实验目的与要求

（1）掌握字符串的编码、索引方式。

（2）掌握字符串的基本操作。

（3）掌握字符串格式化输出的方法。

（4）掌握基本数据类型的运算操作。

3.2　知识要点

（1）字符串是一个有序的字符集合，是不可变对象，以 Unicode 编码存储。

（2）字符串中的字符索引有两种方式：从左至右（正向递增序号，最左侧为 0）、从右至左（反向递减序号，最右侧为 -1）。

（3）字符串的操作方法：使用内置运算符、内置函数、将字符串作为对象。

字符串处理函数：len()、str()、chr()、ord()。

字符串的分隔与合并方法：split()、join()。

字符串的大小写转换方法：lower()、upper()。

字符串的替换与删除方法：replace()、strip()。

字符串的子串出现次数：count()。

（4）字符串的输出可以使用 format()格式化方法：<模板字符串>.format(<逗号分隔的参数>)。

3.3　实例验证

【实例 3-1】　索引和切片。已有一个字符串"坚持陆海统筹,加快建设海洋强国。"，根据用户输入的起始索引值和终止索引值,输出其对应的索引字符和切片结果。

解题指导：索引从 0 开始,正数索引表示从左到右,负数索引表示从右到左,代码如下：

```
#实例 3-1 索引和切片
sea = "坚持陆海统筹,加快建设海洋强国。"
print(sea)
i = eval(input("输入起始索引值:"))
print(sea[i])
j = eval(input("输入终止索引值:"))
print(sea[j])
print("切片为:",sea[i:j+1])
```

运行结果参考如下：

坚持陆海统筹,加快建设海洋强国。	坚持陆海统筹,加快建设海洋强国。
输入起始索引值:2	输入起始索引值:11
陆	海
输入终止索引值:5	输入终止索引值:14
筹	国
切片为:陆海统筹	切片为:海洋强国

【实例 3-2】　身份证号获取生日。通过用户输入的身份证号输出出生日期。

解题指导:待切片的序列[起始索引(包含):结束索引(不包含):步长(默认为 1,可省略)]。代码如下:

```
#实例 3-2 身份证号获取生日
No = input("请输入身份证号:")
y = No[6:10]
m = No[10:12]
d = No[12:14]
print("出生日期:{}年{}月{}日".format(y,m,d))
```

运行结果参考如下:

```
请输入身份证号:320705199605230529
出生日期:1996 年 05 月 23 日
```

【实例 3-3】　回文数判断。回文数是指一个数字从左边读和从右边读的结果一样,如 12321。

解题指导:可以通过正向切片和反向切片进行比对。代码如下:

```
#实例 3-3 回文数判断
n = input('请输入一个数:')
if n[0:-1] == n[-1:0:-1]:                    #等同于 if n[:] == n[::-1]
    print('是回文数!')
else:
    print('不是回文数!')
```

运行结果参考如下:

请输入一个数:12321	请输入一个数:123	请输入一个数:131	请输入一个数:55
是回文数!	不是回文数!	是回文数!	是回文数!

【实例 3-4】　字符与 Unicode 码的互换。根据用户输入的字符串,将其中每个字符输出,并且将其对应的 Unicode 码以及 Unicode 码对应的字符后移两位的结果输出。

解题指导:通过 for 循环依次取出一个字符进行转换。ord(s)函数是返回字符 s 所对应的 Unicode 编码,chr(x)函数是返回 Unicode 编码 x 所对应的字符。代码如下:

```
#实例 3-4 字符与 Unicode 码的互换
s = input("请输入一个字符串:")
for i in range(len(s)):
    print(s[i],end = " ")                             #通过索引方式输出 i 所对应的字符
    print("对应的 Unicode 码是:",ord(s[i]),end = " ")
    print("Unicode 码对应的字符后移两位是:",chr((ord(s[i]) + 2)))
```

运行结果参考如下：

```
请输入一个字符串:aD3
a  对应的 Unicode 码是: 97  Unicode 码对应的字符后移两位是: c
D  对应的 Unicode 码是: 68  Unicode 码对应的字符后移两位是: F
3  对应的 Unicode 码是: 51  Unicode 码对应的字符后移两位是: 5
```

3.4 实验任务

1. 程序填空

【填空 3-1】 转换成大写字母。将用户输入的一个字符串中的字母全部转换成大写字母,请在如下代码中填空。

```
#tk3-1.py
m = input("请输入:")
print(_____)
```

运行结果参考如下：

```
请输入:ab1CD2eF
AB1CD2EF
```

【填空 3-2】 替换子串。用户输入一个带有"江海大"的字符串,请将其中"江海大"替换为"江苏海洋大学"并输出字符串,请在如下代码中填空。

```
#tk3-2.py
a = "江海大"
b = "江苏海洋大学"
s = input("请输入:")
print(_____)
```

运行结果参考如下：

```
请输入:江海大欢迎你!
江苏海洋大学欢迎你!
```

【填空 3-3】 4 位回文字符串判断。回文字符串是一个正读和反读都一样的字符串,如 noon 或"蜜蜂蜂蜜"等。现对用户输入的 4 个字符进行判断,如果是回文字符串,则显示"是",否则"不是",请在如下代码中填空。

```
#tk3-3.py
s = input("请输入 4 个字符:")
if s == s[3:4] + s[2:3] + s[1:2] + _____:
    print("是")
else:
    _____
```

运行结果参考如下：

请输入 4 个字符:noon 是	请输入 4 个字符:moon 不是

【填空 3-4】 汉字统计。已知变量 s = "岂曰无衣？与子同袍。王于兴师，修我戈矛。与子同仇！岂曰无衣？与子同泽。王于兴师，修我矛戟。与子偕作！岂曰无衣？与子同裳。王于兴师，修我甲兵。与子偕行!"，统计并输出字符串 s 中汉字和标点符号的总个数，请在如下代码中填空。

解题指导：用 str.count(sub)函数计算字符串 str 中 sub 子串出现的次数，用 len(str)函数计算字符串 str 的长度。

```
#tk3 - 4.py
s = "岂曰无衣?与子同袍。王于兴师,修我戈矛。与子同仇!\
岂曰无衣?与子同泽。王于兴师,修我矛戟。与子偕作!\
岂曰无衣?与子同裳。王于兴师,修我甲兵。与子偕行!"
b = s.count('?') + s.count('。') + _____ + s.count('!')
a = _____ - b
print("汉字总数:{} 标点符号总数:{} ". _____ ))
```

运行结果参考如下：

```
汉字总数:60 标点符号总数:15
```

2. 编程

【编程 3-1】 字符统计。已有一个字符串内容为"中国人民解放军海军航空兵现已装备了轰炸机、巡逻机、电子干扰机、水上飞机、运输机等勤务飞机。"，请统计并输出其中"机"出现的次数。

解题指导：统计某字符串中的子串出现的次数用 count 方法，形式是：str.count(sub[,start[,end]]),即返回 str[start:end]中 sub 字串出现的次数。

运行结果参考如下：

```
"机"的个数为: 6
```

【编程 3-2】 计算苹果重量。水果篮里装满了橘子和苹果，现由用户输入：水果篮总质量、橘子总质量以及苹果数量。请计算单个苹果的质量，保留两位小数位。

解题指导：第一行用户输入水果篮总质量(变量名：weight)，第二行用户输入橘子总质量(变量名：orrage)，第三行用户输入苹果数量(变量名：appleQty)，第四行计算单个苹果的质量(变量名：average)，第五行输出结果。

运行结果参考如下：

```
请输入水果篮总质量(kg):6
请输入橘子总质量(kg):3
请输入苹果数量(个):12
单个苹果的质量:0.25kg
```

3.5　难点分析

1. 字符串的索引和切片

（1）索引 s[i]：取索引值为 i 的字符。

① 正向索引：从 0 开始，向右依次递增，如：s[3]。

② 反向索引：从 -1 开始，向左依次递减，如：s[-2]。

（2）切片 s[i:j:k]：k 为步长，取整数，默认值为 1。

① k=1：从索引值 i 开始取到 j-1 位置的字符串，k 为 1，可省略不写。如：s[1:4] 等同于 s[1:4:1]。

② k>1 或 k<0：从索引值 i 开始取到 j-1 位置的字符串，k 为正数时表示从左向右取值，如：s[1:6:2]；k 为负数时，表示从右向左取值，如：s[6:0:-2]。

（3）举例：现有一个字符串 s="victory"，输出索引和切片的结果。索引序号可以正向和反向进行标识，如图 3-1 所示。

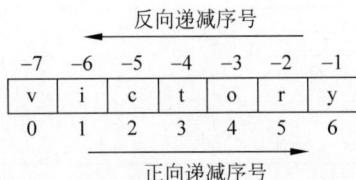

图 3-1　字符串"victory"的索引序号

针对"victory"字符串的索引和切片程序以及运行结果如表 3-1 所示。

表 3-1　字符串"victory"索引和切片的程序以及运行结果示例

程　　序	运 行 结 果
s = "victory"	
print('索引 s[0]: ',s[0])	索引 s[0]: v
print('索引 s[-1]: ',s[-1])	索引 s[-1]: y
print('索引 s[2]: ',s[2])	索引 s[2]: c
print('索引 s[-2]: ',s[-2])	索引 s[-2]: r
print('切片 s[:]: ',s[:])	切片 s[:]: victory
print('切片 s[0:]: ',s[0:])	切片 s[0:]: victory
print('切片 s[0:-1]: ',s[0:-1])	切片 s[0:-1]: victor
print('切片 s[:-1]: ',s[:-1])	切片 s[:-1]: victor
print('切片 s[0:7]: ',s[0:7])	切片 s[0:7]: victory
print('切片 s[0:7:1]:',s[0:7:1])	切片 s[0:7:1]: victory
print('切片 s[0:-2]: ',s[0:-2])	切片 s[0:-2]: victo
print('切片 s[0:7:2]:',s[0:7:2])	切片 s[0:7:2]: vcoy
print('切片 s[6:0:-1]:',s[6:0:-1])	切片 s[6:0:-1]: yrotci
print('切片 s[6:0:-2]:',s[6:0:-2])	切片 s[6:0:-2]: yoc
print('切片 s[6::-2]: ',s[6::-2])	切片 s[6::-2]: yocv
print('切片 s[::-1]: ',s[::-1]) #反转	切片 s[::-1]: yrotciv

2．转义字符

（1）含义：在需要在字符中使用特殊字符时，用反斜杠（\）作为转义字符来输出特殊效果。常用转义字符如表 3-2 所示。

表 3-2   转义字符及其描述

转 义 字 符	描 述
\（在行尾时）	续行符
\n	换行
\t	横向制表符
\v	纵向制表符
\\	反斜杠符号
\'	单引号
\"	双引号

说明：转义字符作为一个整体，长度是 1。

（2）举例：以常用的"\n"和"\t"为例，程序及运行结果如表 3-3 所示。

表 3-3   转义字符程序及运行结果示例

程 序	运 行 结 果
print("江苏省\n 连云港市\t 海州区")	江苏省 连云港市　海州区
print(len("江苏省\n 连云港市\t 海州区"))	12

第4章

选择结构

CHAPTER 4

🔑 4.1   实验目的与要求

(1) 掌握 if 语句的单分支结构。
(2) 掌握 if 语句的双分支结构。
(3) 掌握 if 语句的多分支结构。

🔑 4.2   知识要点

1. if 语句的单分支结构格式

```
if <条件>:
    <语句块>
```

形成条件最常用的方法是采用关系操作符(<、<=、>=、>、==、!=)、布尔运算符(not、or、and)。

2. if 语句的双分支结构格式

```
if  <条件>:
    <语句块 1>
else:
    <语句块 2>
```

3. if 语句的多分支结构格式

```
if  <条件 1>:
    <语句块 1>
elif  <条件 2>:
    <语句块 2>
    ...
else:
    <语句块 n>
```

🔑 4.3   实例验证

【实例 4-1】 用 if 单分支语句实现分组判断。假设某比赛按年龄进行分组,说明如下:少年组(7~17 岁)、青年组(18~40 岁)、中年组(41~65 岁)、老年组(66 岁以上)。

解题指导: Python 中使用 "<="操作符表示小于或等于。代码如下:

```
#实例 4-1 用 if 单分支语句实现分组判断
age = eval(input("请输入选手年龄(周岁):"))
```

```
if 7 <= age <= 17: print("少年组")
if 18 <= age <= 40: print("青年组")
if 41 <= age <= 65: print("中年组")
if age >= 66: print("老年组")
```

运行结果参考如下：

请输入选手年龄(周岁):10 少年组	请输入选手年龄(周岁):40 青年组
请输入选手年龄(周岁):60 中年组	请输入选手年龄(周岁):79 老年组

【实例 4-2】 用 if-else 双分支语句计算余数。用户输入被除数和除数，如果除数为 0，则提示："除数不能为 0!"，否则正常计算余数。

解题指导：Python 中使用"=="操作符表示等于，"%"表示取余数。代码如下：

```
#实例4-2用if-else双分支语句计算余数
x = eval(input("请输出被除数:"))
y = eval(input("请输出除数:"))
if y == 0:
    print("除数不能为 0!")
else:
    print("余数为:",x % y)
```

运行结果参考如下：

请输出被除数:1 请输出除数:3 余数为: 1	请输出被除数:4 请输出除数:2 余数为: 0
请输出被除数:0 请输出除数:2 余数为: 0	请输出被除数:2 请输出除数:0 除数不能为 0!

【实例 4-3】 用 if-elif-else 语句表示如下分段函数 f(x)。

$$f(x) = \begin{cases} x+1 & x \leqslant 0 \\ 3x-2 & x \leqslant 5 \\ (x^2+3)/(x-4) & x \leqslant 10 \end{cases}$$

解题指导：if-elif-else 多分支结构中，如果没有任何条件满足时，else 下面的语句块才会被执行，所以 else 子句是可选的。该分段函数中每段都有具体条件，所以不需要用 else 语句，代码如下：

```
#实例4-3用if-elif-else语句表示如下分段函数f(x)
x = float(input("请输入 x:"))
if x <= 0:
    y = x + 1
elif x <= 5:
    y = 3 * x - 2
elif x <= 10:
    y = (x * x + 3)/(x - 4)
print("f(x) = {:.2f}".format(y))
```

运行结果参考如下：

请输入 x:-0.5 f(x) = 0.50	请输入 x:5 f(x) = 13.00	请输入 x:7 f(x) = 17.33

【实例 4-4】　用 if-elif-else 语句实现海水分层。海洋深度分为 5 个水层：海洋上层（200m 以上）、海洋中层（200～1000m）、海洋深层（1～4km）、海洋深渊层（4～6km）、海洋超深渊层（6km 以下）。如果输入深度小于 0，则输出"输入错误！"。

解题指导：本题中首先要判断海水深度的输入是否在正常范围内，再去判断属于哪个分层，所以涉及 if 双分支语句再嵌套 if 多分支语句，代码如下：

```
#实例 4-4 用 if-elif-else 语句实现海水分层
depth = eval(input("请输入海水深度(>=0):"))
if depth < 0 :
    print("输入错误！")
else:
    if 0 <= depth < 200:
        print("海洋上层")
    elif 200 <= depth < 1000:
        print("海洋中层")
    elif 1000 <= depth <= 4000:
        print("海洋深层")
    elif 4000 < depth < 6000:
        print("海洋深渊层")
    else:
        print("海洋超深渊层")
```

运行结果参考如下：

请输入海水深度(>=0):-15 输入错误！	请输入海水深度(>=0):199 海洋上层	请输入海水深度(>=0):300 海洋中层
请输入海水深度(>=0):4000 海洋深层	请输入海水深度(>=0):5800 海洋深渊层	请输入海水深度(>=0):7000 海洋超深渊层

4.4　实验任务

1. 程序填空

【填空 4-1】　驾照申请年龄要求。申请大型客车准驾车型驾照的年龄要求是：22 周岁以上，60 周岁以下。根据用户输入的年龄来判断，如果符合要求则提示"可以申请！"，否则提示"不可以申请！"，请在如下代码中填空。

```
#tk4-1.py
age = _____
if _____ :
    print("可以申请！")
else:
    print("不可以申请！")
```

运行结果参考如下：

请输入年龄:25 可以申请!	请输入年龄:65 不可以申请!

【填空 4-2】　字符串对齐。根据用户输入的字符串和对齐编号，将该字符串按照对应的对齐方式，以"＋"作为填充符号、总字符长度为 20 的方式输出，请在如下代码中填空。

```
#tk4 - 2.py
s = input("请输入一个字符串:")
n = input("请输入对齐编号(左:1,居中:2,右:3):")
if n == "1":
    a = "<"
_____
    a = "^"
else:
    a = ">"
print(_____)
```

运行结果参考如下：

请输入一个字符串:jou 请输入对齐编号(左:1,居中:2,右:3):1 jou+++++++++++++++ +	请输入一个字符串:jou 请输入对齐编号(左:1,居中:2,右:3):2 ++++++++jou+++++++ +
请输入一个字符串:jou 请输入对齐编号(左:1,居中:2,右:3):3 +++++++++++++++ + jou	

【填空 4-3】　水果礼盒打折。某水果店出售水果套装礼盒，每盒 299 元，1 盒不打折，2~4 盒打 8 折，5~8 盒打 6 折，9 盒以上打 5 折。用户输入购买数量，计算并输出价格总额（保留整数，非四舍五入），请在如下代码中填空。

```
#tk4 - 3.py
n = eval(input("请输入水果礼盒数量:"))
if n == 1:
    _____
elif n <= 4:
    cost = n * 299 * 0.8
elif n <= 8:
    cost = n * 299 * 0.6
else:
    cost = n * 299 * 0.5
cost = _____
print("总额为:{}元".format(cost))
```

运行结果参考如下：

请输入礼盒数量:1 总额为:299 元	请输入礼盒数量:3 总额为:717 元	请输入礼盒数量:7 总额为:1255 元	请输入礼盒数量:9 总额为:1345 元

2. 编程

【编程 4-1】　虚心骄傲判断。根据用户输入的内容（虚心/骄傲），通过 if 语句实现判断,输出"虚心使人进步!"或"骄傲使人落后!"。

运行结果参考如下:

请输入(虚心/骄傲):虚心 虚心使人进步!	请输入(虚心/骄傲):骄傲 骄傲使人落后!

【编程 4-2】　成绩五级制。根据用户输入的百分制成绩判定并输出其对应的五级制(优秀、良好、中等、及格、不及格)。

解题指导:可以通过多分支结构的 if-elif-else 语句实现。

运行结果参考如下:

请输入成绩(0~100):98 成绩等级为:优秀	请输入成绩(0~100):80 成绩等级为:良好	请输入成绩(0~100):77 成绩等级为:中等
请输入成绩(0~100):65 成绩等级为:及格	请输入成绩(0~100):59 成绩等级为:不及格	

【编程 4-3】　标准体重计算。标准体重的计算公式很多。若现有如下计算标准。

- 男性:标准体重=(身高−80)×70%
- 女性:标准体重=(身高−70)×60%

请根据用户输入的性别(男/女)和身高(cm)进行计算,结果以整数形式(int())输出。如果性别输入不正确时,则提示:"性别输入有误!"。

解题指导:可以通过多分支结构的 if-elif-else 语句实现。

运行结果参考如下:

请输入性别(男/女):男 请输入身高(cm):177 标准体重为(kg): 67	请输入性别(男/女):女 请输入身高(cm):162.3 标准体重为(kg): 55	请输入性别(男/女):1 请输入身高(cm):170 性别输入有误!

🔑 4.5　难点分析

紧凑型二分支适用于简单表达式的二分支结构,语法格式如下:

```
<表达式一> if 条件成立 else <表达式二>
```

其中,表达式一和表达式二一般是数字类型或者字符串。

普通二分支与紧凑型二分支对比举例如表 4-1 所示。

表 4-1　普通二分支与紧凑型二分支对比举例

普通二分支程序	紧凑型二分支程序

`age = eval(input())`
`if age >= 18:`
　　`print("已成年")`
`else:`
　　`print("未成年")`
	`age = eval(input())`
	`print("已成年") if age >= 18 else print("未成年")`

第5章

循环结构

CHAPTER 5

5.1　实验目的与要求

（1）掌握 for 语句的遍历循环结构。
（2）掌握 while 语句的无限循环结构。
（3）理解循环保留字 continue 和 break 的区别。
（4）了解程序的 try-except 异常处理方法。

5.2　知识要点

1. for 语句的遍历循环结构

（1）基本模式。for 循环的常规结构。

```
for  <循环变量>  in  <遍历结构>:
     <语句块>
```

（2）扩展模式。只有当 for 循环正常执行后，才能执行 else 后面的<语句块 2>。

```
for  <循环变量> in  <遍历结构>:
     <语句块 1>
else:
     <语句块 2>
```

2. while 语句的无限循环结构

（1）基本模式。while 循环的常规结构。

```
while  <条件>:
     <语句块>
```

（2）扩展模式。只有当 while 循环正常执行后，才能执行 else 后面的<语句块 2>。

```
while  <条件>:
     <语句块 1>
else:
     <语句块 2>
```

3. 循环保留字 continue 和 break 的区别

（1）break。跳出 break 语句所在的当前循环体。
（2）continue。跳过 continue 之后没有执行的语句，但不退出循环，而是继续执行当前循环体的下次循环。

4. try-except 异常处理

try-except 异常处理用来检测 try 语句块中的错误，从而让 except 语句捕获异常信息并处理。

（1）基本模式。语句块 1 是正常执行内容，当发生异常时执行 except 后面的语句块 2。

```
try:
    <语句块 1>
except  <异常类型>:
    <语句块 2>
```

（2）扩展模式。第 1 到第 N 个 except 语句只处理对应类型的异常，最后一个 except 没有指定，表示它对应的语句块可以处理所有其他异常。

```
try:
    <语句块 1>
except  <异常类型 1>:
    <语句块 2>
…
except  <异常类型 N>:
    <语句块 N + 1>
except:
    <语句块 N + 2>
```

5.3 实例验证

【实例 5-1】 用 for 语句实现字符逐个输出。读入一个用户输入的中文名，用遍历循环 for 语句实现对该名字的每个字符逐行输出，循环结束后显示"end"。

解题指导：当 for 循环正常执行之后，执行 else 语句中的语句块。代码如下：

```
# 实例 5-1 用 for 语句实现字符逐个输出
name = input("请输入中文名:")
for i in name:
    print(i)
else:
    print("end")
```

运行结果参考如下：

```
请输入中文名:王海洋
王
海
洋
end
```

【实例 5-2】 将实例 5-1 改为用条件循环 while 语句实现。

解题指导：通过 while 实现计数循环时，需要在循环之前对计数器进行初始化，并在每次循环中对计数器进行累加，else 语句只在 while 循环正常执行后才执行。代码如下：

```
# 实例 5-2 将实例 5-1 改为用条件循环 while 语句实现
name = input("请输入中文名:")
i = 0
```

```
while i < len(name):
    print(name[i])
    i = i + 1
else:
    print("end")
```

运行结果参考如下：

```
请输入中文名:李强国
李
强
国
end
```

【**实例 5-3**】　物不知其数。中国古代著名算题，原载《孙子算经》卷下第二十六题："今有物不知其数，三三数之剩二；五五数之剩三；七七数之剩二。问物几何？"请计算 $1\sim500$ 以内符合该条件的所有数，并且在一行显示。

解题指导：本题涉及 for 循环中嵌套 if 双分支语句，当几个条件需要同时满足时，用 and 连接各条件。代码如下：

```
#实例 5-3 物不知其数
for i in range(1,501):
    if i % 3 == 2 and i % 5 == 3 and i % 7 == 2:
        print(i,end=" ")
```

运行结果参考如下：

```
23 128 233 338 443
```

【**实例 5-4**】　鸡兔同笼问题。

中国古代著名趣题之一，记载于《孙子算经》之中。其内容是："今有雉（鸡）兔同笼，上有三十五头，下有九十四足。问雉兔各几何。"意思是有若干只鸡兔同在一个笼子里，从上面数有 35 个头，从下面数有 94 只脚，笼中各有多少只鸡和兔？

解题指导：鸡头和兔头都是单个，从上数为 35；鸡爪为 2，而兔脚 4，从下数为 94。代码如下：

```
#实例 5-4 鸡兔同笼问题
for cock in range(0,36):
    rabbit = 35 - cock
    foot = 2 * cock + 4 * rabbit
    if foot == 94:
        print("鸡:{}只,兔:{}只".format(cock,rabbit))
        break
```

运行结果参考如下：

```
鸡:23 只,兔:12 只
```

【**实例 5-5**】　try-except 异常处理语句的高级用法。根据输入的下标值输出"此生无悔入华夏，来世愿在种花家！"所对应的字符，若输入的不是整数字符，提示"请输入一个整数!",若输入的不是 0～15 的整数,则提示"超出范围,请重新输入!"。

解题指导:使用 try-except-except 结构处理三种情况,用索引方式获取字符串中某一个字符。代码如下:

```
#实例 5-5 try-except 异常处理语句的高级用法
try:
    s = "此生无悔入华夏,来世愿在种花家!"
    i = eval(input("请输入一个整数(0～15):"))
    print("{}所对应的字符是:{}".format(i,s[i]))
except NameError:
    print("请输入一个整数!")
except:
    print("超出范围,请重新输入!")
```

运行结果参考如下:

请输入一个整数(0～15):0 0 所对应的字符是:此	请输入一个整数(0～15):6 6 所对应的字符是:夏
请输入一个整数(0～15):a 请输入一个整数!	请输入一个整数(0～15):18 超出范围,请重新输入!

5.4　实验任务

1. 程序填空

【填空 5-1】　斐波那契数列。根据其定义:$F(0)=0$,$F(1)=1$,$F(n)=F(n-1)+F(n-2)(n \geqslant 2)$,输出不大于 50 的序列元素,请在如下代码中填空。

```
#tk5-1.py
a,b = _____
while a <= 50:
    print(a,end = " ")
    a,b = _____
```

运行结果参考如下:

```
0 1 1 2 3 5 8 13 21 34
```

【填空 5-2】　求 1～10 的阶乘和。请在如下代码中填空。

```
#tk5-2.py
n = 1
_____
for i in range(1,11):
    n = n * i
    sum = _____
print ("1～10 的阶乘和:",sum)
```

运行结果参考如下：

```
1~10 的阶乘和: 4037913
```

【填空 5-3】 找数。根据用户输入的数字，判断是否在 0～50，找到的话提示该数在 0～50 以内，否则提示"没找到!"，请在如下代码中填空。

```
#tk5 - 3.py
m = eval(input("请输入要找的数:"))
for i in range(51):
    if _____:
        print('%s 在 0～50 以内.'% i)
        break
_____:
    print('没找到!')
```

运行结果参考如下：

请输入要找的数:0	请输入要找的数:9	请输入要找的数:51	请输入要找的数:62
0 在 0～50 以内。	9 在 0～50 以内。	没找到!	没找到!

【填空 5-4】 字母统计。根据用户输入的一段英文，分别统计并输出大写字母、小写字母以及其他字符的个数，请在如下代码中填空。

```
#tk5 - 4.py
s = input("请输入一段英文: ")
l = 0
u = 0
t = 0
for i in _____:
    if i > = "A" and i < = "Z":
        l = l + 1
    elif _____:
        u = u + 1
    else:
        t = t + 1
print("大写字母:%d\n 小写字母:%d\n 其他字符:%d "%(_____))
```

运行结果参考如下：

```
请输入一段英文: Don't give up!
大写字母:1
小写字母:9
其他字符:4
```

2．编程

【编程 5-1】 重复输出。用户输入一个整数 n 和需要重复的句子，请用 while 循环语句实现句子的 n 次重复输出。

运行结果参考如下：

```
请输入重复次数:3
请输出句子:明德至善
```

```
明德至善
明德至善
明德至善
```

【编程 5-2】 偶数和。用户输入一个整数 n，计算并输出 n 到 n＋5 之间所有偶数的数值和(不包含 n＋5)。

解题指导：可以采用 for 循环内嵌 if 语句的单分支判断。

运行结果参考如下：

```
请输入一个整数:5
Sum = 14
```

🔑 5.5 难点分析

try-except 高级用法分析如下。

(1) try-except-else。当 try 语句块正常执行后，追加执行 else 后的语句。

格式如下：

```
try:
    <语句块 1>
except  <异常类型 1>:
    <语句块 2>
...
except  <异常类型 N>:
    <语句块 N＋1>
else:
    <语句块 N＋2>
```

try-except-else 的程序举例如表 5-1 所示。

表 5-1   try-except-else 的程序举例

程序 1	程序 2	程序 3
a = 5	a = 5	a = 5
try:	try:	try:
b = c	b = c	b = a
print("b:",b)	print("b:",b)	print("b:",b)
except NameError:	except SyntaxError:	except SyntaxError:
print("命名错误")	print("语法错误")	print("语法错误")
except:	except:	except:
print("其他错误")	print("其他错误")	print("其他错误")
else:	else:	else:
print("正常输出")	print("正常输出")	print("正常输出")

运行结果参考如下：

程序 1 结果	程序 2 结果	程序 3 结果
命名错误	其他错误	b: 5 正常输出

（2）try-except-else-finally。当 try 语句块是否正常执行，finally 后的语句都会执行。格式如下：

```
try:
    <语句块 1>
except <异常类型 1>:
    <语句块 2>
...
except <异常类型 N>:
    <语句块 N+1>
else:
    <语句块 N+2>
finally:
    <语句块 N+3>
```

try-except-else-finally 的程序举例如表 5-2 所示。

表 5-2   try-except-else-finally 的程序举例

程序 4	程序 5	程序 6

a = 5
try:
　　b = c
　　print("b:",b)
except NameError:
　　print("命名错误")
except:
　　print("其他错误")
else:
　　print("正常输出")
finally:
　　a = 8
　　print("a:",a)
	a = 5
	try:
	　　b = c
	　　print("b:",b)
	except SyntaxError:
	　　print("语法错误")
	except:
	　　print("其他错误")
	else:
	　　print("正常输出")
	finally:
	　　a = 8
	　　print("a:",a)
		a = 5
		try:
		　　b = a
		　　print("b:",b)
		except SyntaxError:
		　　print("语法错误")
		except:
		　　print("其他错误")
		else:
		　　print("正常输出")
		finally:
		　　a = 8
		　　print("a:",a)

运行结果参考如下：

程序 4 结果	程序 5 结果	程序 6 结果
命名错误 a: 8	其他错误 a: 8	b: 5 正常输出 a: 8

第6章

控制结构综合实验

CHAPTER *6*

6.1　实验目的与要求

（1）掌握 random 库的用法。
（2）掌握分支语句的常用嵌套结构。
（3）掌握循环语句的常用嵌套结构。

6.2　知识要点

1. random 库

（1）引用方法。import random 或 from random import * 。
（2）常用函数。主要有 seed()、random()、randint()、randrange()等。

```
seed(m)                    #给随机数种子赋值 m
random.random()            #产生一个 [0,1) 的随机浮点数
random.randint(i,j)        #产生一个 [i,j] 的随机整数
random.randrange(i,j,k)    #产生一个 [i,j) 的步长为 k 的随机整数
random.uniform(i,j)        #产生一个 [i,j] 的随机浮点数
random.choice(s)           #从序列 s 中随机选取一个元素
```

2. 分支语句的常用嵌套结构

（1）简单 if 语句中嵌套 if-else 双分支语句，格式如下。

```
if  <条件 1>:
    if  <条件 2>:
        <语句块 1>
    else:
      <语句块 2>
```

（2）if-else 语句中嵌套 if-else 双分支语句，格式如下。

```
if  <条件 1>:
    if  <条件 2>:
        <语句块 1>
    else:
      <语句块 2>
else:
    if  <条件 3>:
        <语句块 3>
    else:
      <语句块 4>
```

3. 循环语句的常用嵌套结构

（1）for 循环语句中嵌套 for 循环，格式如下。

```
for  <循环变量 m>  in  <遍历结构>:
   for  <循环变量 n>  in  <遍历结构>:
        <语句块>
```

（2）while 循环语句中嵌套 while 循环,格式如下。

```
while  <条件 1>:
    while  <条件 2>:
          <语句块>
```

6.3　实例验证

【实例 6-1】　随机产生大写字母并逆向输出。随机产生 4 个 A~Z 的数字,使其挨个输出,再逆向合并,用空格间隔后输出,随机种子为 7。

解题指导:seed()函数可以指定随机数种子。randint()函数可以随机生成一个[a,b]的整数。chr()函数用于返回 Unicode 编码对应字符,ord()函数则相反。代码如下:

```
#实例 6-1 随机产生大写字母并逆向输出
import random as r
r.seed(7)                                          #随机种子为 7
s = ''
for i in range(4):
    ch = chr(r.randint(ord('A'),ord('Z')))
    print(ch)
    s = ch + " " + s
print(s)
```

运行结果参考如下:

```
K
E
M
U
U M E K
```

思考:理解设置随机种子和不设置的区别,可以修改种子值,或不执行随机种子代码行,多执行几次看结果差异。

【实例 6-2】　五角星数。五角星数是 5 位的自幂数(如:54748＝5^5 ＋ 4^5 ＋ 7^5 ＋ 4^5 ＋ 8^5),计算并输出 10000 ～100000(不含 100000)所有的五角星数。

解题指导:操作符"//"表示计算整数商,在这里可以用来计算万位、千位等位数上的数值,幂运算可以用 pow()函数。代码如下:

```
#实例 6-2 五角星数
for i in range(10000, 100000):
    n1 =  i // 10000                               #万位
    n2 = (i - n1 * 10000) // 1000                  #千位
    n3 = (i - n1 * 10000 - n2 * 1000) // 100       #百位
    n4 = (i - n1 * 10000 - n2 * 1000 - n3 * 100) // 10   #十位
    n5 =  i % 10                                    #个位
```

```
            if i == pow(n1, 5) + pow(n2, 5) + pow(n3, 5) + pow(n4, 5) + pow(n5, 5):
                print(i)
```

运行结果参考如下：

```
54748
92727
93084
```

【实例 6-3】 显示四方形九九乘法表。

解题指导：本题涉及 for 循环嵌套 for 循环，end=''用来表示不换行，可以在''里添加空格或者其他字符作为间隔符号，代码如下：

```
#实例 6-3 四方形九九乘法表
for i in range(1,10):                              #外循环
    for j in range(1,10):                          #内循环
        print("{}×{}={:<2}".format(i,j,i*j),end=' ')
    print()
```

运行结果参考如下：

```
1×1=1   1×2=2   1×3=3   1×4=4   1×5=5   1×6=6   1×7=7   1×8=8   1×9=9
2×1=2   2×2=4   2×3=6   2×4=8   2×5=10  2×6=12  2×7=14  2×8=16  2×9=18
3×1=3   3×2=6   3×3=9   3×4=12  3×5=15  3×6=18  3×7=21  3×8=24  3×9=27
4×1=4   4×2=8   4×3=12  4×4=16  4×5=20  4×6=24  4×7=28  4×8=32  4×9=36
5×1=5   5×2=10  5×3=15  5×4=20  5×5=25  5×6=30  5×7=35  5×8=40  5×9=45
6×1=6   6×2=12  6×3=18  6×4=24  6×5=30  6×6=36  6×7=42  6×8=48  6×9=54
7×1=7   7×2=14  7×3=21  7×4=28  7×5=35  7×6=42  7×7=49  7×8=56  7×9=63
8×1=8   8×2=16  8×3=24  8×4=32  8×5=40  8×6=48  8×7=56  8×8=64  8×9=72
9×1=9   9×2=18  9×3=27  9×4=36  9×5=45  9×6=54  9×7=63  9×8=72  9×9=81
```

思考：如果要输出正三角和倒三角形的九九乘法表，程序应该如何修改？

6.4 实验任务

1. 程序填空

【填空 6-1】 百元买百鸡。由我国古代数学家张丘建在《算经》一书中提出：“鸡翁一，值钱五；鸡母一，值钱三；鸡雏三，值钱一；百钱买百鸡，则翁、母、雏各几何？”题意如下：已知公鸡 5 元一只，母鸡 3 元一只，小鸡 3 只一元，用 100 元买一百只鸡。其中公鸡、母鸡、小鸡都必须要有，问公鸡，母鸡，小鸡要买多少只？请在如下代码中填空。

```
#tk6-1.py
print('%s%3s%3s' % ('公鸡','母鸡','小鸡'))
for cock in range(1,19):
    for hen in range(1,32):
        chick = _____
        if chick != 0 and chick % 3 == 0 and _____:
            print(cock," ",hen," ",chick)
```

运行结果参考如下：

公鸡	母鸡	小鸡
4	18	78
8	11	81
12	4	84

【填空 6-2】　复读句子。用户输入复读次数和复读句子，将句子按照感叹号分隔成子句，将子句和整句按照复读次数进行输出。例如：输入的复读次数为 2，输入的句子为"一起向未来！Together for a Shared Future"，则让它先输出每个子句 2 遍，再输出整句 2 遍，请在如下代码中填空。

```
#tk6 - 2.py
n = int(input("请输入复读次数:"))
s = input("请输入复读句子:")
sub = s.split("!")              #用感叹号对句子分隔成子句
for i in range(len_____):  #复读子句
    for j in range(_____):
        print(sub[i])
for j in range(n):             #复读句子
    print(_____)
```

运行结果参考如下：

```
请输入复读次数:2
请输入复读句子:一起向未来!Together for a Shared Future
一起向未来
一起向未来
Together for a Shared Future
Together for a Shared Future
一起向未来!Together for a Shared Future
一起向未来!Together for a Shared Future
```

【填空 6-3】　猜数游戏。由随机函数从 1～10 中生成一个整数，用户最多可以猜数 3 次，每次猜数后都会告诉用户是猜中了、猜大了还是猜小了，如果猜错了，还会显示剩余的可猜次数，请在如下代码中填空。

```
#tk6 - 3.py
import random
n = random._____
for t in range(3):
    g = eval(input("请输入数字(1～10):"))
    if g == n:
        print("你猜中了!")
        _____
    elif g < n:
        print("你猜小了,还有{}次机会!".format(2 - t))
    else:
        print("你猜大了,还有{}次机会!".format(2 - t))
_____
        print("超过 3 次,猜数结束!")
```

运行结果参考如下：

请输入数字(1~10):8 你猜大了,还有 2 次机会! 请输入数字(1~10):5 你猜大了,还有 1 次机会! 请输入数字(1~10):2 你猜小了,还有 0 次机会! 超过 3 次,猜数结束!	请输入数字(1~10):5 你猜大了,还有 2 次机会! 请输入数字(1~10):3 你猜中了!	请输入数字(1~10):6 你猜中了!

【填空 6-4】 账号密码登录。给用户 3 次输入用户名和密码的机会,要求如下:

用户输入账号,若账号为 admin,则提示用户输入密码,若密码为 123456,则提示"登录成功!",并且退出循环;否则提示"密码错误!"。若账号不为 admin,则提示"账号错误!",如果 3 次都不正确,则提示"3 次输入有误! 退出程序。",请在如下代码中填空。

```
#tk6 - 4.py
name = "admin"
password = "666666"
count = 0
while _____ :
    userInput = input("请输入账号:")
    if userInput == name:
        userInput = input("请输入密码:")
        if userInput == _____ :
            print("登录成功!")
            _____
        else:
            print("密码错误!")
    else:
        _____
    count = count + 1
if count == 3:
    print("3 次输入有误!退出程序.")
```

运行结果参考如下:

请输入账号:admin 请输入密码:666666 登录成功!	请输入账号:admin 请输入密码:123 密码错误! 请输入账号:admin 请输入密码:666666 登录成功!	请输入账号:ad 账号错误! 请输入账号:admin 请输入密码:123 密码错误! 请输入账号:admin 请输入密码:666666 登录成功!	请输入账号:a 账号错误! 请输入账号:admin 请输入密码:123 密码错误! 请输入账号:admin 请输入密码:666 密码错误! 3 次输入有误!退出程序。

2. 编程

【编程 6-1】 产生随机数并求平均值。产生 3 个 0~9 的随机整数,使其逐个输出,最后将该 3 个随机数的平均值以整型输出。

解题指导:random. randint(i,j)用于产生一个 [i,j] 的随机整数。

运行结果参考如下：

0~9 之间的随机数为：5	0~9 之间的随机数为：0
0~9 之间的随机数为：2	0~9 之间的随机数为：9
0~9 之间的随机数为：6	0~9 之间的随机数为：4
平均值为：4	平均值为：4

【编程 6-2】　水仙花数。水仙花数是指一个 3 位数，它的每个位上的数字的 3 次幂之和等于它本身（例如：1^3＋5^3＋3^3＝153），计算并输出所有的水仙花数。

运行结果参考如下：

```
153 370 371 407
```

【编程 6-3】　50 以内的质数。质数又称素数，一个大于 1 的自然数，除了 1 和它自身外，不能被其他自然数整除的数叫作质数；否则称为合数（规定 1 既不是质数也不是合数）。编写程序，先输出一行文字："50 以内的质数有："，然后遍历 50 以内的所有质数，并输出。

解题指导：可以采用 for 循环语句嵌套 for 循环形式，如果不是质数则退出内循环，再继续下一轮外循环遍历；否则输出该质数。

运行结果参考如下：

```
50 以内的质数有：
2 3 5 7 11 13 17 19 23 29 31 37 41 43 47
```

6.5　难点分析

1. 标准函数库 random

random 库主要为各种分布实现伪随机数生成器，常用函数有：random()、randint()等。程序举例如下：

```
import random
print(random.random())              # 产生一个 [0.0,1.0)的随机小数
print(random.randint(1,10))         # 产生一个 [1,10]的随机整数
print(random.uniform(0.1,6.6))      # 产生一个 [0.1,6.6]的随机浮点数
print(random.randrange(1,100,2))    # 产生一个 [1,100]间隔为 2 的随机整数
print(random.choice('future'))      # 从序列中随机选取一个元素
```

运行结果参考如下：

```
0.10034236849857514
6
4.356123706230428
67
r
```

2. 循环嵌套

（1）定义。循环嵌套是指一种循环语句里面还有另一种循环语句。例如，for 中有 for、

while 中有 while、while 中有 for、for 中有 while,即各种类型的循环都可以作为外循环,各种类型的循环也都可以作为内循环。

（2）循环次数。假设外循环的循环次数为 m 次,内循环的循环次数为 n 次,那么内循环的循环体实际上需要执行 m×n 次。

（3）执行流程。需要分别考虑内外循环条件。

① 外循环条件＝True,执行其对应的内循环体;

② 内循环条件＝True,执行内循环体,直到内循环条件＝False,跳出内循环;

③ 若此时外循环条件＝True,则继续执行内循环,直到内循环条件＝False;

④ 当内循环条件＝False 且外循环条件＝False,则整个嵌套循环结束。

（4）举例。针对 for 循环里嵌套 while 循环的程序示例及其结果如表 6-1 所示。

表 6-1　循环嵌套程序示例及其结果

程　　　序	结　　　果

`for i in range[5,6]:`　　　　#外循环
　　`j = 0`
　　`while j < 3:`　　　　#内循环
　　　　`print("i,j 的值为:{},{}".format(i,j))`
　　　　`j += 1`
	i,j 的值为:5,0
	i,j 的值为:5,1
	i,j 的值为:5,2
	i,j 的值为:6,0
	i,j 的值为:6,1
	i,j 的值为:6,2

第7章

函数定义与调用

CHAPTER 7

7.1　实验目的与要求

（1）掌握函数的定义和调用。函数是一组表达特定功能代码行的封装，能够接收输入并返回处理结果。自定义函数需要用 def 关键字，自定义函数不能直接运行，必须通过调用函数才能运行。

（2）理解形参、实参和函数返回值概念，理解函数的参数传递过程，熟练掌握按位置和名称进行参数传递，理解多种不同的形式参数（可选参数、可变数量参数），能根据具体需要选择参数传递形式及函数返回值形式。

（3）理解变量的作用域概念，掌握局部变量和全局变量的使用方法，能根据具体需要选择使用。

（4）理解 Lambda 函数的概念和特点，掌握 Lambda 函数的基本用法。

7.2　知识要点

1. 函数定义与形参

```
def function_name(parameters):
    函数体
    [return 返回值]
```

其中：function_name 是函数名称，需要遵循 Python 的命名规则（以字母或下画线开头，其后可跟字母、数字或下画线）。

函数名后面的 parameters 是形参（形式参数），可以是多个形参，也可以为空。形参有以下多种形式。

（1）位置参数。形参只写名称，没有其他特殊标识。调用函数时，实参（实际参数）按照形参顺序依次与形参对应。

（2）名称参数。形参只写名称，没有其他特殊标识。调用函数时，实参（实际参数）要指明对应的形参名称，如 add_numbers(y=2, x=3)，2 和 3 是实参，x 和 y 是形参，也可以写成 add_numbers(x=3,y=2)。使用这种参数的好处是实参不再受形参顺序的限制，能提高函数调用的可读性。

（3）可选参数。定义函数时为形参指定默认值。如果调用函数时没有为默认参数提供实参，将使用其默认值。当有多个形参时，可选参数出现在非可选参数的后面。

（4）可变参数。分为 *args 和 **kwargs 两种格式，*args 用于接收任意数量的位置实参，在调用函数时，将这些实参收集为一个元组。**kwargs 用于接收任意数量的关键字参数，并将这些参数收集为一个字典。一个函数中，带 * 号的形参只能有一个，且只能放在最后。

2. 函数体和返回值

函数体是函数定义中缩进的代码块，用于实现函数的功能。函数体中可以通过 return

语句返回函数结果,如果没有 return 语句,函数默认返回 None。

3. 函数调用与实参

函数调用是运行函数代码的途径。通过"函数名(实参列表)"语句调用函数,在调用语句中出现的参数为实参(实际参数),调用函数时实参与形参进行参数传递。例如 add_numbers(2,3),即以 2,3 作为实参调用 add_numbers()函数。

4. 变量作用域

程序中的变量作用域分为全局和局部。在函数外定义的变量(没有缩进)在程序执行全过程有效,称为全局变量;默认情况下在函数内部使用的是局部变量,仅在函数内部有效,在函数外无效。

5. Lambda 函数

Lambda 函数是一种匿名函数,语法简洁,适合用于函数功能简单的、一次性的操作。Lambda 函数的语法格式为:

lambda ＜参数列表＞:＜表达式＞

表达式部分只能有一条语句,不能包含多条语句,也不能用 return 语句返回值。Lambda 函数与一般函数的等价关系如下所示:

$$\text{lambda a,b:a+b} \Longleftrightarrow \begin{array}{l}\text{def add(a,b):}\\ \quad\text{return a+b}\end{array}$$
等价

7.3　实例验证

【实例 7-1】　计算斐波那契数列的前 n 项。

解题指导:用键盘输入项数 n(≥1),显示斐波那契数列的前 n 项。

1　1　2　3　5　8　13　21　34　55　89　144…

根据斐波那契数列的定义,$F(1)=1,F(2)=1$,从第 3 项起,每一项都是其前 2 项的和,即 $F(n)=F(n-1)+F(n-2)$。

考虑到本题中斐波那契数列的所求项数 n 应该是可以变化的值,可根据不同的需求,从键盘输入 n 的值,将斐波那契数列的求解过程定义成一个函数,利用实参和形参的数据传递将项数 n 传入函数中,函数中输出斐波那契数列的前 n 项,代码如下:

```
#实例 7-1 求斐波那契数列的前 n 项
def fib(n):                    #fib()函数
    '''Print a Fibonacci series up to n.'''
    a,b=1,1                    #斐波那契数列的前两项初始值是 1 1
    if n==1:
        print(1,end=' ')       #显示 1 后,光标不换行,而是显示一个空格
    elif n==2:
        print(1,1,end=' ')
```

```
        elif n>=3:
            print(a,b,end=' ')
            for item in range(3,n+1):          #item 变量的变化范围是 3~n
                a,b=b,a+b
                print(b,end=' ')
    x=eval(input("请输入数列项数:"))              #主程序
    fib(x)
```

以上代码中分为两部分,第一部分是 fib()函数的定义部分,第二部分是主程序部分,由最后两行代码组成。程序运行从主程序的第一条语句开始向下运行,运行流程如图 7-1 所示。

先按①运行,当执行到 fib(x)时,调用 fib()函数,如图中②所示,实参 x 与形参 n 进行参数传递,并逐行执行 fib()函数的代码,如图中③所示,由于 fib()函数没有 return 语句,即函数没有返回值,调用该函数即是执行一段代码,fib()函数的所有语句执行结束,将返回到主程序中调用语句处继续执行,如图中④所示,直至主程序的所有代码都执行完。实例 7-1 的程序调用可以用图 7-2 表示。

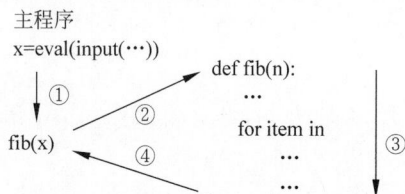

图 7-1　实例 7-1 的程序执行流程　　　　图 7-2　实例 7-1 程序调用图

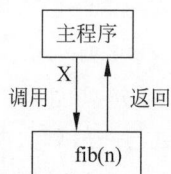

以上程序的执行结果显示如下所示,由键盘输入项数 10,即显示程序运行结果。

```
=================== RESTART: e7-1.py ==================
请输入数列项数(>=3):10
1 1 2 3 5 8 13 21 34 55
>>>
```

本例中使用了递推法,递推是一种重要的程序设计方法。它是指从已知的初始条件出发,依据某种递推关系,逐步推出后续结果的过程。递推采用循环结构语句计算一系列的值,这些值之间存在着特定的递推关系。

本例斐波那契数列的递推关系为:从第三项开始,每一项都等于前两项之和,即 F(3)=F(2)+F(1)=1+1=2,接着计算第四项,F(4)=F(3)+F(2)=2+1=3。即从最开始的已知项逐步计算出后面的项,是一个递推的过程。

【实例 7-2】　计算两个整数中的最大值。

解题指导:通过键盘输入两个整数,中间以逗号为间隔,以两个整数为实参调用 maxnum()函数,函数返回其中的较大数,并显示该数,代码如下:

```
#实例 7-2_1 计算两个整数中的最大值
def maxnum(x,y):
    if x>=y:
        return x                    #若 x>=y,将 x 的值作为函数的返回值
    else:
        return y                    #若 x<y,将 y 的值作为函数的返回值
```

```
#通过 split()方法分隔两个数,然后进行赋值
a,b = input("请输入两个整数:").split(",")
a = eval(a)
b = eval(b)
print(maxnum(a,b))                #调用 maxnum()函数,显示出该函数的值
```

在以上代码中,def maxnum(x,y)表示形参的类型是位置参数,实参按位置对应关系与形参进行参数传递,即 a 和 x 对应,b 和 y 对应,这种按位置的对应关系是 Python 语言中最常用的参数传递形式。

在实例 7-2 函数定义代码中,根据 if 语句的条件,将选择执行其中一个 return 语句,使程序执行流程将返回到调用语句处,并继续执行调用语句下面的代码。本程序中对 maxnum()的调用发生在 print 语句中,显示 maxnum()的返回值。运行结果如下所示:

```
================== RESTART: e7-2_1.py ==================
请输入两个整数:78,6
78
>>>
```

以上 maxnum()函数只能求出两个数中的最大值,如果要求出多个数中的最大值,该如何修改呢? 可以将形参定义为可变数量参数(在形参前加星号 *),并对函数体语句适当修改,修改后的 maxnum()函数内容如下:

```
#实例 7-2_2 计算多个数中的最大值
def maxnum(x, * y):
    print(type(y))                #形参 y 为元组类型
    if len(y) == 0:
        return x                  #当只有一个形参时,该值即为返回值
    else:                         #当有多个形参时,最大数为返回值
        max = x
        for n in y:               #对 y 中每个数进行遍历
            if max < n:
                max = n
        return max

print(maxnum(6,36,9,12))          #调用 maxnum()函数,显示出结果
print(maxnum(12))                 #调用 maxnum()函数,显示出结果
```

在以上代码中,第一个调用语句中的实参有 4 个,而形参只有 2 个,当程序执行时,形参 x 得到的输入为 6,而形参 y 得到的输入为(36,9,12),此为一个元组,即除了第 1 个数之外的其他数都被作为第 2 个实参传递给 y 形参,因此实参的个数是可变的。

第二个调用语句为:print(maxnum(12)),这时只有一个数作为实参,传递给形参 x,形参 y 的内容为空,两种调用语句都是正确的,程序运行结果如下所示。需要注意的是,可变数量参数只能出现在形参列表的最后,否则程序会报错,大家可以分析一下原因。

```
================== RESTART: e7-2_2.py ==================
<class 'tuple'>
36
```

```
<class 'tuple'>
12
>>>
```

以上自定义函数的功能也可以通过调用内置函数 max()实现,max()函数无须引用,只要正确地设置实参,即可正确调用,得到结果,如:print(max(78,6,56))。Python 解释器提供了丰富的内置函数,常用的内置函数可参见 7.5 节难点分析部分内容。

【实例 7-3】 基于可变参数从键盘输入学生信息(学生信息数据项数量不固定)。

解题指导:由于学生信息由多项数据构成,如学号、姓名、性别、年龄等,且学生信息具有灵活性,数据项可多可少,如果采用常规的形参和实参表示会非常不方便。 ** 可变参数在函数中被组装成一个字典,键值对类型符合本例需求,故实例 7-3 基于 ** 可变参数实现,代码如下:

```
#实例 7-3 基于可变参数从键盘输入学生信息
def show_info( ** info):
    print(type(info))
    for key,value in info.items():
        print("{0} - {1}".format(key,value))


show_info(name = "Tony",age = 20,sex = True)
show_info(student_name = "Tony",student_no = "2024000000")
```

在实例 7-3 中 ** info 为可变参数,对应的实参数量可变。

调用语句 show_info(name="Tony",age=20,sex=True),3 个实参被组装成字典 info,字典的键是 name、age、sex,对应的值是"Tony"、20、True,字典 info 的内容为{'name': 'Tony', 'age': 20, 'sex': True}。

调用语句 show_info(student_name="Tony",student_no="2024000000"),两个实参被组装成字典 info:{'student_name': 'Tony', 'student_no': '2024000000'},student_name、student_no 是键,"Tony"和"2024000000"是值。

运行结果如下所示:

```
================== RESTART: e7 - 3.py =================
<class 'dict'>
name - Tony
age - 20
sex - True
<class 'dict'>
student_name - Tony
student_no - 2024000000
>>>
```

【实例 7-4】 以七段数码管样式绘制商品价格(价格可以带小数)。

解题指导:编程模拟七段数码管样式显示商品价格,商品价格由键盘输入。用 turtle 标准库进行绘制,每个数字由 7 个线段组成,绘制顺序及运笔方向如图 7-3 所示。

main()函数是总调度函数;init_turtle()初始化窗口和画笔设置;drawPrice()则绘制价格数字,商品价格可以带小数;drawDigit()用于绘制单个数字;drawDot()绘制小数点;drawLine()函数绘制七段数码管中的一段 40 像素长的线条,或只是移动画笔。代码如下:

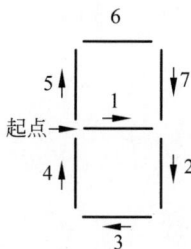

图 7-3 数字的七段数码管样式、绘制顺序及运笔方向

```
#实例 7-4 绘制商品价格
import turtle
#绘制数码管的一段
def drawLine(draw):
    turtle.pendown() if draw else turtle.penup()      #设置画笔抬起或落下
    turtle.fd(40)                                     #前进 40,每个数字宽度 40 像素
    turtle.right(90)                                  #绘图方向右转 90°


#根据数字绘制对应的七段数码管
def drawDigit(digit):
    drawLine(True) if digit in ['2','3','4','5','6','8','9'] else drawLine(False)       #画①段
    drawLine(True) if digit in ['0','1','3','4','5','6','7','8','9'] else drawLine(False)#画②段
    drawLine(True) if digit in ['0','2','3','5','6','8','9'] else drawLine(False)        #画③段
    drawLine(True) if digit in ['0','2','6','8'] else drawLine(False)                    #画④段
    turtle.left(90)      #绘图方向左转 90°,为绘制数字上半部做准备
    drawLine(True) if digit in ['0','4','5','6','8','9'] else drawLine(False)            #画⑤段
    drawLine(True) if digit in ['0','2','3','5','6','7','8','9'] else drawLine(False)    #画⑥段
    drawLine(True) if digit in ['0','1','2','3','4','7','8','9'] else drawLine(False)    #画⑦段
    turtle.left(180)                                  #绘图方向设置为水平向右
    turtle.penup()                                    #抬起画笔
    turtle.fd(20)                                     #前进 20,使每个数字之间间隔 20 像素

#绘制小数点
def drawDot():
    turtle.right(90)                                  #绘图方向设置为垂直向下
    turtle.fd(30)                                     #前进 30 像素,即小数点在数字右下角
    turtle.dot(10)                                    #绘制小数点,10 为半径
    turtle.left(180)                                  #绘图方向设置为垂直向上
    turtle.fd(30)                                     #向上移动 30 像素
    turtle.right(90)                                  #绘图方向设置为水平向右
    turtle.fd(20)

#绘制整个价格数字(包含小数点)
def drawPrice(price):
    for i in range(len(price)):                       #遍历字符串
        if price[i].isdigit():                        #如果字符是数字
            drawDigit(price[i])
        elif price[i] == ".":                         #如果字符是小数点
            drawDot()                                 #调用函数绘制小数点

#初始化海龟相关设置
def init_turtle():
```

```
        turtle.setup(600, 250, 200, 200)    #设置绘图窗口大小及位置
        turtle.penup()
        turtle.fd( - 260)                   #绘图起始点移动到 - 260 像素位置
        turtle.pensize(5)                   #设置画笔宽度为 5 像素

def main():                                 #定义 main()函数
        init_turtle()
        price = input("请输入商品价格:")
        drawPrice(price)
        turtle.hideturtle()
        turtle.done()

main()                                      #调用 main()函数
```

运行以上程序,从键盘上输入 89.5,显示绘图结果如图 7-4 所示。

```
=================== RESTART: e7 - 4.py ==================
请输入商品价格:89.5
>>>
```

本实例代码采用自顶向下的设计方法,即把一个大问题逐层分解为较简单的小问题,最终编程实现每个小问题即函数,合理设计好函数之间的接口,这些函数形成了一个小系统,则问题得以解决。本实例代码中各函数的调用关系如图 7-5 所示。

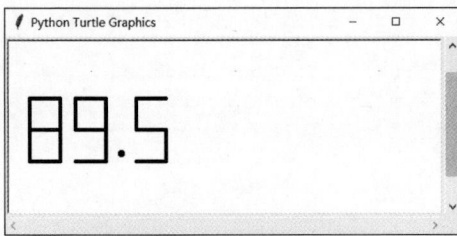

图 7-4　实例 7-4 绘制的商品价格

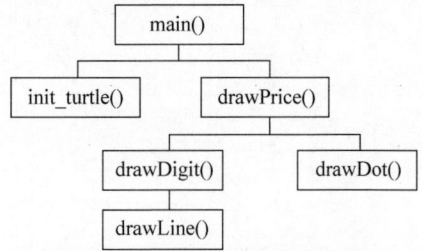

图 7-5　实例 7-4 函数调用关系图

以上程序执行过程较为复杂,其执行流程如图 7-6 所示,其中的①②④⑤⑥⑨均为调用流程,③⑦⑧⑩⑪⑫为返回流程。

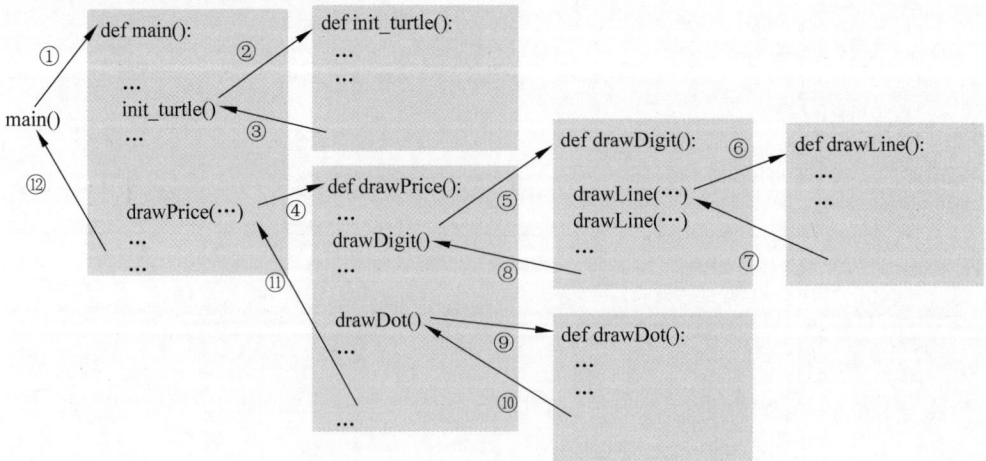

图 7-6　实例 7-4 的程序执行流程

【**实例 7-5**】　编写程序,找出 100 以内的所有质数。

解题指导:可以设计两个函数,一个是 main()函数,其遍历 1~100 的每个数,调用另一个函数进行判断;一个是被调用函数 isPrime,该函数负责对一个数是否是质数进行判断,如果是质数,返回 True,否则返回 False。

假定一个数 n,判断 n 是否质数最直接的方法,是用 2~n−1 做除数去除 n,只要存在一个因子能把 n 整除,那么这个 n 就不是质数,如果 2~n−1 范围中没有任何一个数能把 n 整除,n 才是质数。按质数的定义,2 是质数。例如判断 6 是否是质数时,计划依次用 2、3、4、5 去除 6,由于 2 是 6 的因子,能够整除 6,所以 6 不是质数,也就不再需要用 3、4、5 去除 6 了,代码如下:

```python
#实例7-5 求100以内的质数
import math
def isPrime(num):
    if num == 1:
        return False
    elif num == 2:
        return True
    elif num >= 3:
        for i in range(2,num):          # i是 isPrime()函数的局部变量
            if num % i == 0:
                break
        else:
            return True
        return False

def main():
    for i in range(1,101):              # i是 main()函数的局部变量
        if isPrime(i):                  # 对 isPrime()函数的调用
            print(i,end=" ")

main()                                   # 调用 main()函数
```

以上程序中,除了算法问题外,还有一个变量作用域知识点。两个函数中都使用了 i 变量,这两个变量是彼此独立或同一个变量。由于这两个函数中 i 变量都是在函数体中进行初次赋值的,所以它们是各自所在函数的局部变量,彼此独立,互不干扰,即在 main()函数体中,只能访问自己的局部变量 i,而在 isPrime()函数体中,也只能访问自己的局部变量 i。运行结果如下所示:

```
=================== RESTART: e7-5.py ===================
2 3 5 7 11 13 17 19 23 29 31 37 41 43 47 53 59 61 67 71 73 79 83 89 97
>>>
```

【**实例 7-6**】　求奇数和或偶数和。

解题指导:编写程序实现累加求和,很容易编写代码,需要考虑的是如何决定求奇数和还是偶数和。本程序中增加了一个形参 y(其默认值为 1),根据其值选择计算奇数和或偶数和,如果 y 的值为 1,即求出奇数和;如果 y 是非 1 值,则求出偶数值。计算范围由第 1 个实参给出,代码如下:

```
#实例 7-6_1 求奇数和或偶数和
def addsum(x,y = 1):                #x 是计算范围,y 是可选参数
    if y == 1 :                     #y 的值为 1,求奇数和
        start = 1
    else:                           #y 的值非 1,求偶数和
        start = 2
    sum = 0                         #sum 是局部变量
    for i in range(start,x + 1,2):  #确定计算范围为 start~x + 1,步长为 2
        sum += i                    #sum 是累加求和变量
    return sum

s = addsum(10)                      #调用函数求 10 以内的奇数和,返回值赋值给 s 变量
print(s)
s = addsum(10,2)                    #调用函数求 10 以内的偶数和,返回值赋值给 s 变量
print(s)
s = addsum(y = 2,x = 10)           #调用函数求 10 以内的偶数和,使用名称进行参数传递
print(s)
```

在定义函数时,如果有些形参存在默认值,则称其为可选参数,如本程序中的形参 y。如果可选参数没有与之对应的实参,则其将使用默认值,即可选参数既可以有对应的实参,也可以没有对应的实参。

以上程序中分别用 3 条语句调用 addsum()函数,用下画线进行标记,具体说明如下。

第 1 条调用语句中,形参 y 是可选参数,有默认值 1,对应的实参可以给一个确定值也可以默认,如果默认,则该形参就取 1,如以上代码中的 s = addsum(10),实参只有一个,这时形参 x 得到 10,而第 2 个形参 y 就取默认值 1,即求 10 以内的奇数和。

第 2 条调用语句 s = addsum(10,2),语句中实参有两个,按位置对应进行参数传递,x 得到 10,y 得到 2,通过调用 addsum()函数求 10 以内的偶数和。

第 3 条调用语句 s = addsum(y = 2,x = 10),实参有两个,还同时指明了将 2 传给形参 y,将 10 传给形参 x,此时按名称进行了参数传递。当参数较多时,这种参数传递方式的可读性较好。

以上程序的运行结果如下所示:

```
=================== RESTART: e7-6_1.py ==================
25
30
30
>>>
```

本例程序中,分主程序和 addsum()函数两部分,其中 addsum()函数中的变量 start、sum、i 都进行了赋值,因此都是局部变量,它们的作用域只是 addsum()函数中,离开这个函数,这 3 个局部变量就无法被访问了。程序运行结果如下:

对以上程序稍加修改,得到如下代码:

```
#实例 7-6_2 求奇数和或偶数和
def addsum(x,y = 1):
    global sum                      #声明 sum 为全局变量
    if y == 1 :
        start = 1
```

```
        else:
            start = 2
        for i in range(start, x + 1, 2):
            sum += i

sum = 0                        ♯ sum 在主程序中赋值,是全局变量
addsum(10)                     ♯ 调用函数求 10 以内的奇数和,无返回值
print(sum)
```

以上程序的运行结果如下所示:

```
=================== RESTART: e7-6_2.py ==================
25
>>>
```

在修改后的代码中,使用 global 语句声明 sum 为全局变量,addsum()函数中可以访问 sum,所以函数中省略了 return 语句,直接在主程序中显示 sum 值即可。但值得说明的是,并不推荐此方法,因为这将增大主程序和自定义函数的耦合性,降低其独立性,背离了程序设计的基本原则。此处给出这种修改程序只是想说明调用格式不是一成不变的,应随自定义函数的实际情况变化。

读者可以去掉 global sum,再运行程序看看结果。无法显示计算结果,而是显示出错提示:

```
sum += i
UnboundLocalError: local variable 'sum' referenced before assignment
>>>
```

这是由于执行 sum+=i 语句时,此语句相当于 sum=sum+i,解释器将 sum 变量当成局部变量,但此变量却没有被赋值,因此也就无法引用该变量的值进行计算,因此报错。

【实例 7-7】　应用 Lambda 函数。

解题指导:本例体现了 Lambda 函数的常见应用场景。下面程序使用 Lambda 函数对两个数求和、对元组进行排序,代码如下:

```
♯ 实例 7-7_1 应用 Lambda 函数
add = lambda x, y: x + y              ♯ 使用 Lambda 函数进行两个数的加法
print(add(3, 5))                      ♯ 调用 Lambda 函数

my_list = [(1, 2), (4, 1), (3, 5), (2, 3)]
sorted_list = sorted(my_list, key = lambda item: item[1])
♯ 使用 Lambda 函数根据元组的第二个元素进行排序
print(sorted_list)
```

实例 7-7 给出了两种应用场景,第 2 个应用中的 sorted()函数是 Python 内置函数,不需要引用库就可以直接使用,用于对序列进行排序,默认从小到大排序。通过指定 key 参数为一个 Lambda 函数,可以根据特定的规则进行排序,lambda item: item[1] 表示以 my_list 列表中每个元组的第二个元素作为排序的依据。运行结果如下所示:

```
8
[(4,1),(1,2),(2,3),(3,5)]
>>>
```

另外，Lambda 函数还用于列表过滤，代码如下：

```
#实例 7-7_2 应用 Lambda 函数过滤列表
numbers = [1, 2, 3, 4, 5, 6, 7, 8, 9, 10]
#使用 Lambda 函数过滤出偶数
even_numbers = list(filter(lambda x: x % 2 == 0, numbers))
print(even_numbers)
```

filter()函数用于过滤数据，它的语法格式为：filter(function,iterable)，参数 function 是一个具有过滤功能的布尔值函数，参数 iterable 是组合数据类型的数据。filter()函数的结果是得到一个新的组合数据，其中包含 iterable 中那些使参数 function 为 True 的元素。这里的 Lambda 函数 lambda x: x ％ 2＝＝0 用于判断一个数是否为偶数，如果是偶数则返回 True，否则返回 False。运行结果如下所示：

```
[2,4,6,8,10]
>>>
```

思考与练习

1. 参照实例 7-3 的绘图思路和代码，修改程序，使之能绘制十六进制数，十六进制数中可能出现 0123456789ABCDEF 等 16 个字符，各字符外观如图 7-7 所示。

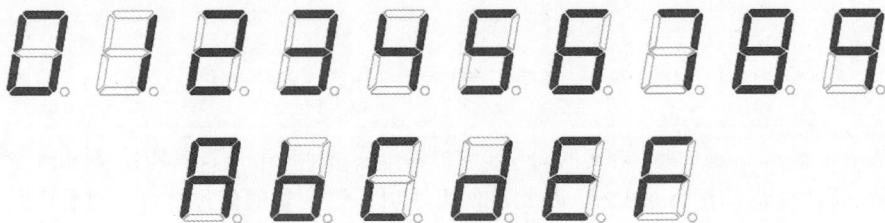

图 7-7　各字符的七段数码管表示

2. 参照实例 7-2 计算两个整数中的最大值，请改用 Lambda 表达式来实现同样功能。

7.4　实验任务

1. 程序填空

【填空 7-1】　以下程序可以对键盘输入的数进行判断，如果是质数显示 True，非质数显示 False，请在如下代码中填空。

```
#tk7-1.py
import math
def isPrime(num):
    _____:
        if type(num) == type(0.):
            raise TypeError
        r = int(math.floor(math.sqrt(num)))
    except TypeError:
```

```
            print('不是一个有效的整数')
            return None              ♯如果不是有效的整数,返回 None
        if num == 1:
            return False             ♯1 不是整数,返回 False
        for i in range(2, r + 1):
            if _____ == 0:      ♯判断一个数是否能被某数整除
                return False
        return _____
def main():
    x = eval(input("请输入:"))
    print(_____(x))
main()
```

【填空 7-2】　编写程序,根据给定的折扣率计算打折后的实际应付金额。请在如下代码中填空。

```
♯tk7 - 2.py
def fun(discount):
    global _____
    price = price * discount

price = eval(input("请输入打折前的金额:"))      ♯price 是全局变量
fun(0.8)
print("打折后的金额:", _____)
```

运行结果如下所示:

```
=================== RESTART: tke7 - 2.py ==================
请输入打折前的金额:100
打折后的金额: 80.0
>>>
```

2. 编程

【编程 7-1】　排序算法。

编写函数实现冒泡排序算法,主程序提供初始数据、调用排序函数、输出排序后数据。排序算法是一类经典算法,包括了多种不同的排序方法,冒泡排序法是最基本的一种。

【编程 7-2】　计算身体质量指数 BMI,并给出指标类别提示。

编写函数实现计算身体质量指数 BMI(衡量人体胖瘦程度以及是否健康的常见指标),该指数定义为 $BMI = \dfrac{体重(kg)}{身高^2(m^2)}$,按国家卫生健康委给出的参考值进行指标分类,如表 7-1 所示。

表 7-1　我国 BMI 指标分类

类别	BMI 值/(kg/m^2)	说　明
偏瘦	BMI<18.5	这类人群可能存在营养不良等健康风险
正常	18.5≤BMI<24	处于这个区间的人群,身体脂肪含量相对合理,身体状况良好
超重	24≤BMI<28	身体脂肪含量偏高,存在健康风险
肥胖	BMI≥28	肥胖人群面临更高的健康风险

【编程 7-3】　编程计算长方形面积,由键盘输入长方形的长和宽,调用函数计算面积。

🔑 7.5　难点分析

1. 函数定义及调用

函数定义时圆括弧内是形参(parameters),函数可以有多个形参,也可以没有形参,如果是多个形参使用逗号分隔,如图 7-8 中所示的 fib()函数,只有一个形参 n,形参不需要声明参数类型。

调用函数时需要用到实参(arguments),解释器会根据实参的类型将实参的值传递给形参,这个过程称为形实结合,实现形参和实参之间的数据传递。图 7-8 中 fib(1000)是调用函数的语句,其方括号内的 1000 是实参,形实结合后,形参 n 即得到值 1000。

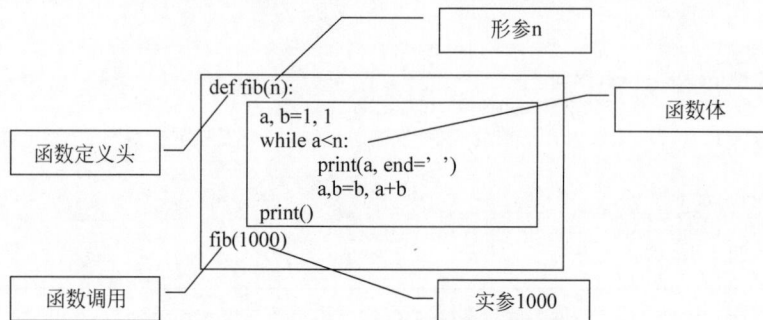

图 7-8　函数定义及调用各部分名称

2. 函数返回值

在函数中,无论 return 语句出现在函数的什么位置,一旦执行,将结束函数的执行。

定义函数时不需要声明函数的返回类型,而是使用 return 语句结束函数执行的同时返回任意类型的值,如果 return 语句有多个返回值,这些值就会形成一个元组数据类型,由圆括号和逗号组成,如(a,b,c)。如果函数没有 return 语句或者执行不返回任何值的空 return 语句,Python 将认为该函数以 return None 结束,即返回空值。

3. 参数传递

实参与形参进行参数传递时,传递的是什么呢? 根据不同的实参类型,将实参的值或引用传递给形参。实参是基本数据类型变量的情况时,在函数内部直接修改形参的值不会影响实参;实参是列表、字典等组合数据类型变量的特殊情况下,则可以在函数内部修改实参变量的值,如图 7-9 所示。

在形参和实参进行数据传递时,默认按位置顺序一一对应,即第 1 个位置上的实参与第 1 个位置上的形参对应,第 2 个位置上的实参与第 2 个位置上的形参对应……Python 还提供了按照形参名称进行对应的参数传递方法,参数之间的顺序可以任意调整,如图 7-9 所示。

```
def addOne(a):               def modify(v):
    print(a)                     print(v)
    a+=1                         v[0]=v[0]+1
    print(a)                     print(v)
a=3                          a=[2]
addOne(a)    #a 是整型        modify(a)   #a 是列表
print(a)                     print(a)

3                            [2]
4                            [3]
3                            [3]
>>>                          >>>
```

图 7-9　当形参是基本数据类型和组合数据类型时参数传递的区别

函数定义语句为 def func(x1,y1,z1,x2,y2,z2)

调用函数语句为 result = func(x2 = 4,y2 = 5,x1 = 1,y1 = 2,z2 = 9,z1 = 6)

可以发现,这种形实结合方式更加灵活且可读性更好。

形参有三种形式:必选形参、可选形参、可变数量形参(不包括 ** 修饰的形参),根据需要选择使用,实参也要与形参的形式相对应才可正确地进行参数传递。

4. Lambda 函数

函数返回结果只能是一个表达式的值,其在一行内书写,因此也称为 Lambda 表达式。Lambda 函数并不会提高程序的运行效率,只是代码更简洁,因此不必过分追求使用 Lambda 函数表达复杂的逻辑,较复杂的实现逻辑还是应该用 def()函数设计。

5. 变量作用域

全局变量作用域是整个程序文件。在不被局部变量覆盖的情况下,可以在文件中的任何函数内部访问。在函数内部没有特别说明的情况下使用的均是局部变量,局部变量仅在函数内部有效,当函数退出时局部变量将被销毁,无法访问。

如果在函数内部使用全局变量,需要在使用前用 global 进行显式声明。

6. 内置函数

Python 解释器提供内置函数,这些函数可以直接使用而无须引用,读者需要掌握最常用的基本内置函数,见表 7-2。

表 7-2　Python 的部分内置函数

函数名	函数功能描述	函数名	函数功能描述
abs()	返回数值的绝对值	all()	判断组合数据类型参数中每个元素是否都是 True
any()	判断组合数据类型参数中只要存在一个为 True 的元素,即返回 True,否则返回 False	bin()	将十进制数转换为二进制数
bool()	将参数转换为逻辑型数据	bytes()	将参数转换成字节型数据
chr()	返回 Unicode 编码的对应字符	complex()	创建一个复数
dict()	创建一个空的字典类型的数据	dir()	没有参数时返回当前范围内的变量、方法和定义的类型列表,带参数时返回参数

函数名	函数功能描述	函数名	函数功能描述
divmod()	分别求商和余数,以二元组形式返回	dict()	创建一个空的字典类型的数据
enumerate()	返回可以枚举的对象	eval()	计算并返回字符串中 Python 表达式的值
frozenset()	创建一个不可修改的集合	hash()	返回某些数据类型的哈希值
hex()	将一个整数转换为一个十六进制字符串	id()	返回参数的内存地址编号
input()	以字符串类型接收用户的键盘输入	int()	将参数转换为整数
float()	将参数转换为浮点数	format()	格式化输出字符串
len()	返回字符串的长度或组合数据类型元素个数	list()	将序列转换为一个列表
max()	求最大值	min()	求最小值
next()	返回可迭代数据中的下一项	oct()	返回整数对应的八进制数字符串
open()	打开文件	ord()	返回字符对应的 Unicode 编码
pow()	幂函数	print()	将数据以指定的格式输出到标准控制台或指定的文件对象
range()	生成指定范围内的整数	reversed()	返回组合数据类型的逆序形式
round()	以四舍五入形式返回整数值或指定位的小数	set()	创建一个集合类型的数据
sorted()	对一个序列进行排序,默认从小到大排序	str()	将任意类型转换为字符串形式
sum()	求和函数	tuple()	将序列转换为元组
type()	返回参数对应的数据类型	zip()	将两个长度相同的列表组合成一个关系对

第 *8* 章

递 归 函 数

CHAPTER *8*

🔑 8.1 实验目的与要求

(1) 理解递归思想,掌握递归函数的定义和使用方法。
(2) 理解经典递归算法思想。
(3) 多模块代码组织及导入方法。

🔑 8.2 知识要点

1. 递归函数的概念

递归(recursion)的核心思想是将复杂问题逐步分解为相同结构的较小规模问题,直到子问题简单到可以直接求解为止(递归终点)。在程序设计中往往用函数实现递归思想,即一个函数直接或间接地调用自身,这样的特殊函数称为递归函数。

递归函数有两个重要的组成部分:递归形式和递归终止条件。递归形式是指函数内部调用自身的部分,其功能是将原问题分解为更小的子问题;递归终止条件则根据条件决定是否停止递归调用。

(1) 递归形式。父问题可以用类同自身的子问题描述。
(2) 递归终止条件。

2. 递归函数的定义

编写递归问题的函数,常用 if 语句来判断是否符合递归结束的条件,其模板形式如下:

```
def recursion(形参):
    if  递归的终止条件:       #递归终止条件
        return 结果
    else:
        recursion(实参)       #递归形式,注意实参的设置
```

🔑 8.3 实例验证

【实例 8-1】 编写程序求组合数 C_n^m。

解题指导:组合是数学的重要概念之一,从 n 个不同元素中每次取出 m 个不同元素 $(0 \leqslant m \leqslant n)$,不管其顺序合成一组,称为从 n 个元素中不重复地选取 m 个元素的一个组合,所有这样的组合个数称为组合数。根据组合数公式 $C_n^m = \dfrac{n!}{m!(n-m)!}$ 可知,需要多次计算阶乘问题,而阶乘可以用递归函数实现。根据阶乘定义 $n! = 1 \times 2 \times \cdots \times (n-1) \times n$,也可以写成 $n! = (n-1)! \times n$,即:

```
0!= 1          递归的终点
1!= 0!× 1
```

2!= 1!×2

......

以上定义构成递归的两个必备条件：一是递归的形式，如 n!＝(n−1)!×n；另一个是递归的终点，如 0!＝1。本例中定义递归函数 fact 计算 n!，通过对该函数的多次调用，即可求组合数。

```
#实例 8-1 求组合数 Cₘⁿ
def fact(n):
    if n == 0:                          #递归的终点
        return 1
    else:
        return n * fact(n−1)            #递归的形式,在 fact()函数内部调用 fact
m,n = input("请输入 m 和 n 两个整数: ").split(",")
m,n = eval(m),eval(n)
C = fact(n)/(fact(m) * fact(n−m))       #调用函数求组合数
print(C)
```

以上程序的执行结果显示如下所示，由键盘输入"3,10"，程序运行结果为 120.0。

```
================== RESTART: e8−1.py ==================
请输入 m 和 n 两个整数: 3,10
120.0
>>>
```

对于求阶乘，既可以用递归方法实现，也可以用递推方法实现。递推是从初始条件开始，用循环语句逐步求出结果的过程。即已知 0!＝1!＝1，求出 2!＝1! * 2，进一步求出 3!＝2! * 3…，试着将本例中的 fact()函数改写为用递推方法求阶乘。

【实例 8-2】 绘制谢尔宾斯基三角形。

解题指导：首先看谢尔宾斯基三角形的外观，0 阶、1 阶、2 阶、3 阶谢尔宾斯基三角形，如图 8-1 所示。

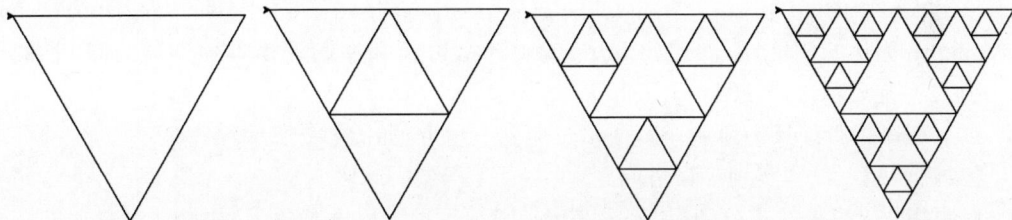

图 8-1　0 阶、1 阶、2 阶、3 阶谢尔宾斯基三角形

通过观察规律发现，谢尔宾斯基三角形是从一个等边三角形开始，将其等分为 4 个小等边三角形，去掉中间的小三角形，对剩下的 3 个小三角形重复此操作，不断递归下去。每次迭代，都会在更小的尺度上产生相似的结构。绘制谢尔宾斯基三角形可以采用递归方法来实现，需要确定递归的两个条件：递归的终点是当 depth＝＝0 时以 length 为边长，画等边三角形的 3 条边；递归的形式是 sierpinski_triangle(length/2，depth−1)，即以 length / 2 为边长，分别绘制左上角小三角形、右上角小三角形、下方小三角形，代码如下：

```
#实例 8-2 绘制谢尔宾斯基三角形
#定义绘制谢尔宾斯基三角形的函数,接收三角形边长和递归深度作为参数
def sierpinski_triangle(length, depth):
```

```
    if depth == 0:
        # 当递归深度为0时,绘制一个基础的等边三角形
        for _ in range(3):
            turtle.forward(length)
            turtle.right(120)
    else:
        # 递归调用,绘制左上角的小三角形
        sierpinski_triangle(length / 2, depth - 1)
        turtle.forward(length / 2)      # 向右移动半个边长,准备绘制右上角的小三角形
        sierpinski_triangle(length / 2, depth - 1)
        turtle.backward(length / 2)     # 退回半个边长,回到原点位置
        turtle.right(60)                # 右转60°,准备绘制下方的小三角形
        turtle.forward(length / 2)
        turtle.left(60)                 # 左转60°,调整方向
        sierpinski_triangle(length / 2, depth - 1)
        turtle.right(60)                # 右转60°,退回原点方向
        turtle.backward(length / 2)
        turtle.left(60)
# 设置初始参数
turtle.speed(0)                         # 设置绘图速度为最快,0代表最快速度
length = 400                            # 初始三角形的边长
depth = 4                               # 阶(递归深度),控制三角形的复杂程度
turtle.setup(600, 600, 200, 200)
turtle.penup()
turtle.goto(-200, 200)
turtle.pendown()
# 绘制谢尔宾斯基三角形
sierpinski_triangle(length, depth)
turtle.done()                           # 绘图完成后,保持窗口显示,直到手动关闭
```

以上代码中的 sierpinski_triangle(length,depth)是递归函数,其中的 length 为三角形边长、depth 为递归深度,每次递归调用该函数时,边长和递归深度都做衰减,即边长减半(length/2),递归深度减 1(depth−1)。

以上程序运行结果为绘制 4 阶谢尔宾斯基三角形,如图 8-2 所示。

【实例 8-3】　编程实现汉诺塔问题。

解题指导:三根柱子分别用 a、b、c 表示,圆盘数量 n 由键盘输入,初始情况是所有圆盘从小到大叠放在 a 柱上,目标是将 a 柱上的 n 个盘子移动到 c 柱,圆盘顺序依然是从小到大,移动规则是一次只能移动一个圆盘,大盘不能叠在小盘上。要求输出圆盘移动过程,并输出总的移动次数,3 个圆盘的移动过程如图 8-3 所示。

对于汉诺塔问题,分析其递归条件:

1. 递归终点是当 n=1 时,直接从 a 柱移到 c 柱;

2. 递归形式是用将 n−1 个圆盘移动到 c 柱上的方法将 n−1 个圆盘都移动到 b 柱上,然后再把第 n 个圆盘(只有一个)移动到 c 柱上,再用同样的方法将在 b 柱上的 n−1 个圆盘移动到 c 柱上。

代码如下所示:

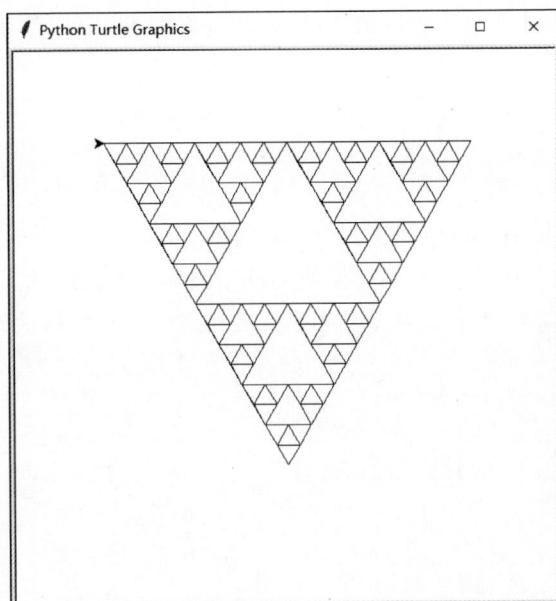

图 8-2　实例 8-2 绘制的 4 阶谢尔宾斯基三角形

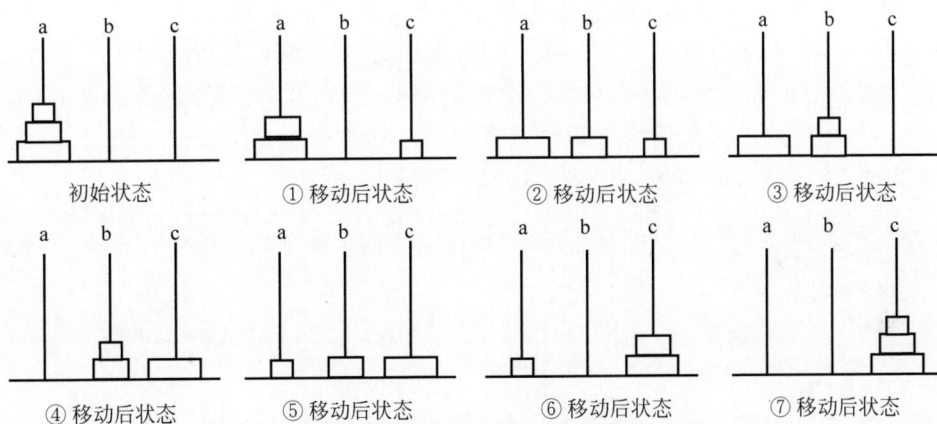

初始状态　　　①移动后状态　　　②移动后状态　　　③移动后状态

④移动后状态　　　⑤移动后状态　　　⑥移动后状态　　　⑦移动后状态

图 8-3　3 个圆盘的汉诺塔移动过程

```
#实例 8-3 汉诺塔问题
i = 0
def hanoi(n, From = "a", temp = "b", to = "c"):        #4 个形参,后面 3 个是可选参数
    global i                                            #全局变量声明
    if n == 1:                                          #只移动一个圆盘,从 a 移到 c
        i += 1
        print (From," ->",to, end = ",")
    else:
        hanoi(n - 1, From, to, temp)                    #将 n-1 个圆盘由 a 移动到 b 上
        hanoi(1, From, temp, to)                        #第 n 个圆盘(只有一个)移动到 c 上
        hanoi(n - 1, temp, From, to)                    #将 n-1 个圆盘由 b 移动到 c 上
hanoi(3)
print(i)                                                #显示总的移动次数
```

以上程序的运行结果如下所示,给出了 3 个圆盘的移动顺序,也显示总的移动次数 7 次。

```
=================== RESTART: e8 - 3.py ==================
a -> c,a -> b,c -> b,a -> c,b -> a,b -> c,a -> c,7
>>>
```

【实例 8-4】 用多模块代码组织方式,编程求阶乘。

解题指导:定义递归函数 fact(),在模块文件中添加测试代码 if __name__ == "__main__":,当且仅当该模块文件被单独运行时才执行测试代码,在测试代码中调用 fact()函数求出 5!。

```
#实例 8 - 4 编程求阶乘
def fact(n):
    print("fact( % d) is called." % (n))
    if n == 1:
        return 1
    return n * fact(n-1)
if __name__ == "__main__":
    print("5!= ",fact (5))
```

为了求 5 的阶乘,函数调用函数自身求 4 的阶乘,为了求 4 的阶乘,函数调用自身求 3 的阶乘,……,函数调用自身求 1 的阶乘,1 的阶乘满足边界条件,返回结果 1。得到了 1 的阶乘,fact(2)通过 return 2 * 1=2 得到了 2 的阶乘并返回。得到了 2 的阶乘,fact(3)通过 return 3 * 2=6 得到了 3 的阶乘并返回。得到了 4 的阶乘为 24,fact(5)通过 return 5 * 4!=5 * 24=120 得到 5 的阶乘,并返回给外部调用者。

```
================== RESTART: e8 - 4.py ==================
fact(5) is called.
fact(4) is called.
fact(3) is called.
fact(2) is called.
fact(1) is called.
5!= 120
>>>
```

下面以多模块方式组织代码:一个.py 文件即是一个模块,模块名就是文件名,把 fact()函数定义代码放在模块文件 fac.py 中,main.py 和 main2.py 两个模块文件也放在同一目录中,层次结构如图 8-4 所示。main.py 用 import fac 导入模块 fac,并用 fac.fact(5)调用求阶乘函数。main2.py 则用 from fac import fact 导入 fac 模块中的 fact()函数,并用 fact(5)调用求阶乘函数。

项目主目录

```
main.py
main2.py
fac.py
```

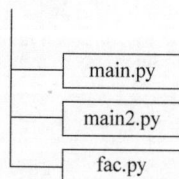

图 8-4　main.py、main2.py 和 fac.py 所在目录示意图

fac.py 文件内容如下:

```
#实例 8 - 4 编程求阶乘
def fact(n):
    …
```

main. py 文件内容如下：

```
import fac
f5 = fac.fact(5)
```

main2. py 文件内容如下：

```
from fac import fact
f5 = fact(5)
```

如果将 fac. py 移入下级目录 Compute 中,即与 main3. py 形成图 8-5 所示的层次结构,
则 main3. py 可以 from Compute import fac 导入模块 fac。

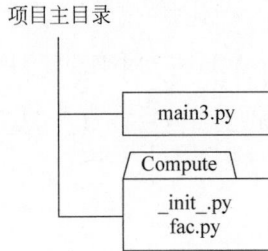

图 8-5　main3. py 和 fac. py 所在目录示意图

main3. py 文件内容如下：

```
from Compute import fac
f5 = fac.fact(5)
```

特别说明：按照 Python 规范的要求,需要在子目录 Compute 下创建一个名为 __init__. py
的文件。__init__. py 文件的存在是这个目录作为包的必要条件,Compute 为包名称。

🔑 8.4　实验任务

1. 程序填空

【填空 8-1】　采用递归思想,编程求斐波那契数列的指定项,指定项由键盘输入,请在
代码的横线处补充。

```
# tk8－1 求斐波那契数列指定项
def fibonacci(n):
    if n > 2:
        return_____
    elif_____ :
        return 1
    elif n == 1:
        return 1
x = eval(input("Input x = "))
print(fibonacci(____))
```

思考：如果要显示斐波那契数列的前 n 项,n 由键盘输入,应如何修改以上程序。

【填空 8-2】　采用递归思想,以二分法查找有序列表的指定值,请在代码的横线处

补充。

```
#tk8-2 二分法查找有序列表指定值
def dichotomy(alist, item):
  if len(alist) == 0:              #查找范围为空返回找不到 False
    return_____
  else:
    midpoint = _____        #求查找范围的中间点
    if alist[midpoint] == item:
      return True
    else:
    #待查值小于中间点,即缩小查找范围为中间点左半侧
    if item < alist[midpoint]:
      return dichotomy(_____, item)
    #待查值大于中间点,即缩小查找范围为中间点右半侧
    else:
    _____dichotomy(alist[midpoint+1:], item)
testlist = [0, 1, 2, 8, 13, 17, 19, 32, 42]
print(dichotomy(testlist, 3))
print(dichotomy(testlist, 13))
```

2. 编程

【编程 8-1】 采用递归思想,将一个正整数倒序输出。例如给出正整数 $n=12345$,输出 54321。

8.5 难点分析

递归函数的调用及注意事项如下所述:递归函数的调用方式有两种,直接递归和间接递归。直接递归即函数自身调用自身,而间接递归是指 A()函数调用 B()函数,B()函数调用 C()函数,C()函数又转来调用 A()函数。递归调用方式如图 8-6 和图 8-7 所示。

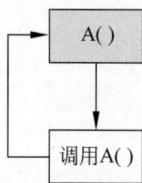

图 8-6　直接递归调用

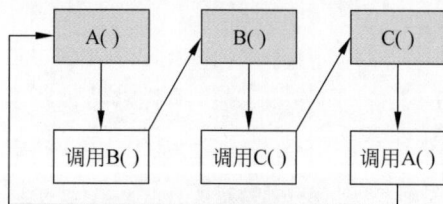

图 8-7　间接递归调用

递归函数可以使代码更加简洁和优雅,对于一些具有递归性质的问题,如树的遍历、分治算法等,使用递归函数可以使代码的逻辑结构更加清晰,易于理解和实现。其缺点是效率可能较低,会占用较大的内存空间,特别是如果递归深度过大时,可能导致栈溢出。

第 **9** 章

列表及元组的使用

🔑 9.1　实验目的与要求

(1) 理解列表概念并掌握 Python 中列表的使用。

(2) 掌握列表的专用操作方法,熟练运用列表管理采集的信息,构建数据结构。

(3) 理解元组与列表的区别。

🔑 9.2　知识要点

1. 列表(List)

列表是一种可变的数据类型,用于存储一系列有序的元素。

(1) 创建列表。使用方括号 [],如,my_list = [1, 2, 3]。

(2) 索引和切片。

列表中的元素可以通过索引访问,如 my_list[0] 返回第一个元素。

支持负数索引,如 my_list[-1] 返回最后一个元素。

可以使用切片操作获取子列表,如 my_list[1:3] 返回索引 1 到 2 的元素。

(3) 常用方法。

append(x):在列表末尾添加元素。

clear():移除列表中的所有元素。

copy():返回列表的浅拷贝。

count(x):计算元素 x 在列表中出现的次数。

extend(iterable):扩展列表,添加可迭代对象的所有元素。

index(x):返回元素 x 在列表中的索引。

insert(i, x):在指定位置插入元素。

pop([i]):移除并返回指定位置的元素。

remove(x):移除第一个值为 x 的元素。

reverse():反转列表中的元素。

sort():对列表进行排序。

2. 元组(Tuple)

元组是一种不可变的序列类型,用于存储一组有序的元素。

(1) 创建元组。Python 中元组采用逗号和圆括号 (可选)来表示,例如:my_tuple = (1, 2, 3)。

(2) 特点。

元组的长度和元素不可更改。

支持索引和切片操作,但没有修改方法。

（3）常用方法。

count(x)：计算元素 x 在元组中出现的次数。

index(x)：查找元素 x 在元组中的索引。

9.3　实例验证

【实例 9-1】　管理员工信息。假设我们要管理一个公司的员工名单。

解题指导：一个公司员工名单存储在列表中。通过索引获取特定部门的员工。使用下标索引来访问和删除列表中的值，同样也可以使用方括号的形式截取字符，代码如下：

```
#实例9-1管理员工信息
employees = ['张三 - 技术部', '李四 - 财务部', '王五 - 市场部', '赵六 - 技术部', '钱七 -
人事部']
print("技术部第一位员工:", employees[0])
print("技术部第二位员工:", employees[3])
print("市场部的员工:", employees[2])

print("原始员工名单:", employees)
del employees[1]
print("更新后的员工名单:", employees)
```

运行结果参考如下：

```
技术部第一位员工: 张三 - 技术部
技术部第二位员工: 赵六 - 技术部
市场部的员工: 王五 - 市场部
原始员工名单: ['张三 - 技术部', '李四 - 财务部', '王五 - 市场部', '赵六 - 技术部', '钱七 -
人事部']
更新后的员工名单: ['张三 - 技术部', '王五 - 市场部', '赵六 - 技术部', '钱七 - 人事部']
```

【实例 9-2】　列表截取与拼接。

解题指导：通过索引和切片操作获取列表中的元素和部分内容，代码如下：

```
#实例9-2 Python列表截取与拼接
tech_team = ['张三', '赵六', '孙八']
market_team = ['王五', '钱七']
project_team = tech_team[:2] + market_team print("项目组成员:", project_team) print("技术
组参与者:", project_team[:2])
print("市场组参与者:", project_team[2:])
```

运行结果参考如下：

```
项目组成员: ['张三', '赵六', '王五', '钱七']
技术组参与者: ['张三', '赵六']
市场组参与者: ['王五', '钱七']
```

【实例 9-3】　元组数据访问与更新。

解题指导：本例通过索引操作访问元组中的元素。元组具有元素数量不可变、无法直接修改内容的特点，但可以通过创建新元组实现更新。本例使用拼接操作（＋）创建一个新元组，模拟"更新"过程，代码如下：

```
#实例9-3 元组数据访问与更新
#定义鱼类元组
fish_species = ('鲨鱼', '金枪鱼', '海马', '鳕鱼', '旗鱼')
print("第一种鱼类:", fish_species[0])
print("最后一种鱼类:", fish_species[-1])

#定义海洋污染物元组
pollutants = ('塑料', '石油泄漏', '重金属', '过量营养物')
print("污染物列表:", pollutants)

#通过新元组实现更新
updated_pollutants = pollutants + ('化学废物',)
print("更新后的污染物列表:", updated_pollutants)
```

运行结果参考如下：

```
第一种鱼类:鲨鱼
最后一种鱼类:旗鱼
污染物列表:('塑料', '石油泄漏', '重金属', '过量营养物')
更新后的污染物列表:('塑料', '石油泄漏', '重金属', '过量营养物', '化学废物')
```

【实例 9-4】 基本统计值计算。

统计是计算科学、管理学、社会学、数学等诸多领域的基本问题。需要求解总个数、求和、平均值、方差、中位数………

解题指导：

总个数：len()。

求和：for-in。

平均值：求和/总个数。

方差：各数据与平均数差的平方的和的平均数。

中位数：排序，求中间值。

代码如下：

```
#实例9-4 基本统计值计算
    from math import sqrt
    def get_numbers():
        """获取用户不定长输入的数字,直到输入回车退出。"""
        nums = []
        while True:
            i_num_str = input("请输入数字(直接输入回车退出): ")
            if i_num_str == "":
                break
            try:
                nums.append(float(i_num_str))    #使用 float() 函数进行类型转换
            except ValueError:
                print("请输入有效的数字。")
        return nums
    def calculate_mean(numbers):
        """计算平均值。"""
        return sum(numbers) / len(numbers) if numbers else 0
    def calculate_variance(numbers, mean):
        """计算方差。"""
```

```
        return sqrt(sum((num - mean) ** 2 for num in numbers) / (len(numbers) - 1)) if len
(numbers) > 1 else 0
    def calculate_median(numbers):
        """计算中位数。"""
        sorted_numbers = sorted(numbers)
        size = len(sorted_numbers)
        if size % 2 == 0:
            return (sorted_numbers[size // 2 - 1] + sorted_numbers[size // 2]) / 2
        return sorted_numbers[size // 2]
    def main():
        """主函数。"""
        numbers = get_numbers()
        if not numbers:
            print("没有输入数字。")
            return
        mean_value = calculate_mean(numbers)
        variance_value = calculate_variance(numbers, mean_value)
        median_value = calculate_median(numbers)
        print(f"平均值: {mean_value}, 方差: {variance_value:.2f}, 中位数: {median_value}")
    if __name__ == "__main__":
        main()
```

运行结果参考如下：

```
请输入数字(回车退出): 3
请输入数字(回车退出): 6
请输入数字(回车退出): 9
请输入数字(回车退出): 15
请输入数字(回车退出):
平均值: 8.25, 方差: 5.12, 中位数: 7.5
```

【实例 9-5】　对列表元素进行偶数或奇数求和。

解题指导：给定列表 alist = [8, 28, 51, 66, 31, 7, 87, 58, 92]。从键盘输入一个整数，该数如果是奇数，计算 alist 中所有奇数的和，并将该和值加到列表的末尾；该数如果为偶数，则计算 alist 中所有偶数的和，并加到列表末尾。

输出最终的 alist。

代码如下：

```
#实例 9-5 偶数或奇数求和
alist = [8, 28, 51, 66, 31, 7, 87, 58, 92]
m = int(input())            #接受输入的数字并将其转换为 int 型
n = m % 2                   #判断其是奇数还是偶数
sum = 0                     #预设 sum 为 0
for i in alist:             #遍历 alist
    if i % 2 == n:          #选择与输入数奇偶性相同的数
        sum += i            #累加到 sum 里
alist.append(sum)           #将 sum 添加到 alist 的末尾
print(alist)                #打印 alist
```

思考与练习

1. 在操作元组或列表时，索引是否可以从尾部开始计数？若可以，该如何使用尾部索引来访问元素？请通过实例说明尾部索引的用法。

2. 请在实例 9-4 中增加函数，实现最大值、最小值的计算和输出。

9.4　实验任务

1. 程序填空

【填空 9-1】　随机产生 20 个 100 以内的整数，随机数种子是 15，将这 20 个数添加到列表中，请在如下代码中填空。

```
#tk9 - 1.py
import random
ls = [ ]
_____
for i in range(20):
    a = random.randint(0,100)

    _____

print(ls)
```

运行结果参考如下：

```
[26, 1, 66, 94, 4, 20, 30, 2, 7, 87, 18, 88, 47, 30, 14, 43, 59, 90, 45, 35]
```

【填空 9-2】　列表 list A 中已有若干旅游景点名称，现增加一个"连岛"景点，去掉一个"孔望山"景点，请在如下代码中填空。

```
#tk9 - 2.py
listA = ['花果山','渔湾','孔望山','连云港老街','云台山']
listA._____ ("连岛")
listA._____ ("孔望山")
print(listA)
```

运行结果参考如下：

```
['花果山', '渔湾', '连云港老街', '云台山', '连岛']
```

【填空 9-3】　从键盘输入一个列表，计算输出列表元素的平均值，请在如下代码中填空。

```
#tk9 - 3.py
def mean(numList):
    s = 0.0
    for num in numList:
        s = s + num
return _____
#请输入一个列表:
ls = eval(input())
print("平均值:",_____)
```

运行结果参考如下：

```
10,7,4,8,6
平均值: 7.0
```

【填空 9-4】　使用无限循环方式从键盘上接收输入姓氏,将姓氏保存在一个列表中,按 E 键结束输入,请在如下代码中填空。

```
♯tk9 - 4.py
ls = []
  (1)
    s = input("")
    if s == "E":
        break
    for c in s:
        if c == "E":
            break
    ls.append(s)
print(ls)
print("程序退出")
```

运行结果参考如下:

```
zhang
wang
li
zhao
liu
E
['zhang', 'wang', 'li', 'zhao', 'liu']
```

2. 编程

【编程 9-1】　根据 2021 年江苏省 13 市生产总值(JiangSu_GDP＝[16355,22718,3719,3727,14003,11026,8807,8117,6696,6617,6025,4763,4550]),编程分别对 JiangSu_GDP 进行升序和降序排列,并且显示排序结果；再用排序＋切片的方式,显示排名第 3 位的生产总值和排名最低的 3 个生产总值。

运行结果参考如下:

```
进行升序排序
[3719, 3727, 4550, 4763, 6025, 6617, 6696, 8117, 8807, 11026, 14003, 16355, 22718]
------------------------------------------------------------------
进行降序排序
[22718, 16355, 14003, 11026, 8807, 8117, 6696, 6617, 6025, 4763, 4550, 3727, 3719]
------------------------------------------------------------------
查看最后 3 个数据(top3)
[14003, 16355, 22718]
------------------------------------------------------------------
查看最前 3 个数据(最低的 3 个市生产总值)
[3719, 3727, 4550]
```

【编程 9-2】　已知某停车场的车位租用情况列表内容如下:

car_nums ＝ ['苏 GA0001','苏 GA00X9','苏 GA0027'],请根据以下情况,编程实现对

car_nums 列表内容的修改。

（1）一辆新车'苏 GA0030'到达，请把它放在 car_nums 的最后面。

（2）一辆新车'苏 GA0000'到达，请把它放在 car_nums 的最前面。

（3）'苏 GA00X9' 车主不再租用车位，请把它从 car_nums 中删除。

（4）有一个车队到达，包含［'苏 GB0001','苏 GB0002','苏 GB003']等多个车辆信息，请用一行代码将该车队信息加入 car_nums 中。

运行结果参考如下：

```
一辆新车'苏 GA0030'到达，请把它放在 car_nums 的最后面
['苏 GA0001', '苏 GA00X9', '苏 GA0027', '苏 GA0030']
    ------------------------------------------------------------------------
一辆新车'苏 GA0000'到达，请把它放在 car_nums 的最前面
['苏 GA0000', '苏 GA0001', '苏 GA00X9', '苏 GA0027', '苏 GA0030']
    ------------------------------------------------------------------------
'苏 GA00X9' 车主不再租用车位，请把它从 car_nums 中删除
['苏 GA0000', '苏 GA0001', '苏 GA0027', '苏 GA0030']
    ------------------------------------------------------------------------
现在来了一个车队 ['苏 GB0001','苏 GB0002','苏 GB003']，请用一行代码把它加到 car_nums 中
['苏 GA0000', '苏 GA0001', '苏 GA0027', '苏 GA0030', '苏 GB0001', '苏 GB0002', '苏 GB003']
```

9.5　难点分析

1．列表的定义与特性

列表是一个动态长度的数据结构，可以根据需求增加或减少元素。这种特性使得列表在存储和处理数据时非常高效，尤其适用于元素数量不固定的场景。

动态长度示例，程序举例如下：

```
my_list = [1, 2, 3]
my_list.append(4)      ＃增加元素
print(my_list)         ＃输出

my_list.remove(2)      ＃删除元素
print(my_list)         ＃输出
```

运行结果参考如下：

```
[1, 2, 3, 4]
[1, 3, 4]
```

2．列表的方法和操作符

列表的一系列方法和操作符为计算提供了简单的元素运算手段。

添加和删除元素方法如下所示。

append()：在末尾添加元素。

insert(index，value)：在指定位置插入元素。

remove(value)：删除指定值的元素。

pop(index)：删除并返回指定索引的元素。

程序举例如下：

```
my_list = [1, 3, 4]
my_list.append(5)
my_list.insert(1, 2)
my_list.remove(3)
my_list.pop(0)
```

运行结果参考如下：

```
[1, 3, 4, 5]
[1, 2, 3, 4, 5]
[1, 2, 4, 5]
[2, 4, 5]
```

访问元素：可以通过索引访问和切片操作。

程序举例如下：

```
print(my_list[1])
print(my_list[1:3])
```

运行结果参考如下：

```
4
[4, 5]
```

3. 元组部分

不可变性的理解：①元组存储的是元素的引用，不可变的是引用而非被引用的对象；②当元素为可变对象时，其内容可以修改；③直接修改元素索引会触发 TypeError。程序举例如下：

```
#创建元组
t = (1, 2, [3, 4])
print("原始元组:", t)          #(1, 2, [3, 4])

try:
t[0] = 10                      #尝试修改元素
except TypeError as e:
print("错误信息:", e)          #'tuple' object does not support item assignment

#修改元组中的可变元素
t[2].append(5)
print("修改后的元组:", t)    #(1, 2, [3, 4, 5])
```

不可变性的实际应用：①保证数据完整性；②哈希特性支持字典键值；③线程安全的数据结构。程序举例如下：

```
#作为字典键
locations = {
(35.6895, 139.6917): "Tokyo",
```

```
(40.7128, - 74.0060): "New York"
}
print(locations[(35.6895, 139.6917)])                # Tokyo

# 函数参数保护
def process_data(data):
"""接收不可变数据保证原始数据安全"""
return sum(data) * 2

original_data = (1, 2, 3)
result = process_data(original_data)
print("原始数据:", original_data)                     # 保持(1, 2, 3)
```

第 **10** 章

字典及集合的使用

CHAPTER **10**

10.1　实验目的与要求

（1）掌握字典和集合的概念。
（2）掌握分支语句的常用嵌套结构。
（3）掌握循环语句的常用嵌套结构。

10.2　知识要点

1. 字典

字典（Dictionary）是一种无序可变的数据类型，用于存储键值对。
（1）创建字典。
使用花括号 {}，例如：my_dict = {'name': 'Alice', 'age': 25}。
使用 dict()构造函数，例如：my_dict = dict(name='Bob', age=30)。
使用列表和元组的 zip() 函数，例如：keys = ['city', 'country']，values =['Tokyo', 'Japan']，my_dict = dict(zip(keys, values))。
（2）访问方式。
通过键获取对应的值，例如：my_dict['name'] 返回 'Alice'。
使用 get(key)方法，如果键不存在，返回 None。
使用 get(key,default)方法，如果键不存在，返回指定的默认值。
（3）常用方法。
items()：返回所有键值对。
keys()：返回所有键。
values()：返回所有值。
len()：计算字典中键的数量。
in 关键字：检查键是否存在于字典中。
update(other_dict)：合并另一个字典的键值对到当前字典。
pop(key)：删除指定键的键值对。
clear()：清空字典。

2. 集合

集合（Set）是一组无序且不重复的元素。
（1）创建集合。
使用花括号{}，例如：my_set = {1, 2, 3}。
使用 set()构造函数，例如：my_set = set([3, 4, 5])。
（2）常用操作。
并集：A|B 或 A. union(B)。

交集：A&B 或 A. intersection(B)。

差集：A－B 或 A. difference(B)。

添加元素：my_set. add(6)。

删除元素：my_set. remove(4)。

清空集合：my_set. clear()。

10.3　实例验证

【实例 10-1】　访问字典里的值——海洋研究项目中的船只信息。

解题指导：在这个实例中，字典中存储了海洋研究中的船只信息，包括船名、航行年龄和船级分类，通过键访问字典里的值，使用 dict['键名'] 来访问对应的值，代码如下：

```
#实例 10-1 访问字典里的值
ship_info = {'ShipName': '海洋研究一号', 'Age': 5, 'Class': '科研级'}

print("ShipName: ", ship_info['ShipName'])
print("Age: ", ship_info['Age'])
print("Class: ", ship_info['Class'])
```

运行结果参考如下：

```
ShipName:   海洋研究一号
Age:   5
Class:   科研级
```

【实例 10-2】　修改字典——更新船只信息。

解题指导：通过修改字典中已有的键值对来更新信息，通过添加新的键值对来扩展字典。以下实例展示了如何更新船只的年龄，并为船只添加新属性，代码如下：

```
#实例 10-2 修改字典
ship_info = {'ShipName': '海洋研究一号', 'Age': 5, 'Class': '科研级'}
ship_info['Age'] = 6
ship_info['Predecessor'] = '海洋研究零号'

print("Updated Age: ", ship_info['Age'])
print("Predecessor: ", ship_info['Predecessor'])
```

运行结果参考如下：

```
Updated Age:   6
Predecessor:   海洋研究零号
```

【实例 10-3】　删除字典元素——删除船只信息。

解题指导：可以通过 del 命令删除字典中的单个键值对，也可以使用 clear() 方法清空整个字典，或使用 del 删除整个字典对象。以下实例演示了如何删除字典中的船只名称信息，代码如下：

```
#实例 10-3 删除字典元素
ship_info = {'ShipName': '海洋研究一号', 'Age': 6, 'Class': '科研级', 'Predecessor': '海洋研究
零号'}

del ship_info['Predecessor']
del ship_info['Class']

print("Updated Ship Info: ", ship_info)
```

运行结果参考如下：

```
Updated Ship Info:  {'ShipName': '海洋研究一号', 'Age': 6}
```

【**实例 10-4**】　文本词频统计。

解题指导：统计一篇文章出现了哪些词、哪些词出现得最多。文档 hamlet.txt 由教材提供，代码如下：

```
#实例 10-4 文本词频统计
txt = open("hamlet.txt", "r").read()          #打开文件 r 读权限
for ch in '# $ % & () * + , - . : ; < = > ? @ [\\] ^{}':
    txt = txt.replace(ch, "")                  #文中的特殊字符用空格代替
txt = txt.lower()                              #将所有的字母转换为小写
words = txt.split()                            #什么都不填表示用空格来分隔
counts = {}
for word in words:
    counts[word] = counts.get(word,0) + 1
excludes = {"the", "and", "of", "you", "a", "i", "my", "in"}
for word in excludes:
    del(counts[word])
    items = list(counts.items()) items.sort(key = lambda x: x[1], reverse = True)
for i in range(10):
    word, count = items[i]
    print("{0:<10}{1:>5}".format(word, count))
```

运行结果参考如下：

```
and          315
the          291
to           255
of           224
my           172
i            159
you          152
it           149
in           142
a            126
```

【**实例 10-5**】　集合的属性、方法与运算。

解题指导：将用户输入用空格分隔的一系列地名创建集合 my-set，输入一个正整数 n，你将被要求读入 n 个输入（输入形式如下所示），每得到一个输入后，根据输入进行操作。

add 表示集合中加入元素 name。

print 表示将集合转为列表,按元素升序排序后输出列表。

del 表示删除集合中的元素 name,当 name 不存在时,不能引发错误。

update 表示 name 为空格逗号分隔的字符串,将其转为集合,并用 name 中的元素修改集合 my_set。

输入:

第一行输入一个正整数 n。

第二行输入用空格分隔的字符串切分为一系列地名。

随后的 n 行,每行输入一个如示例格式的命令,命令与参数间空格分隔。

输出:

每遇到 print 时,将集合转为列表,按元素升序排序后输出列表。

代码如下:

```
#实例 10-5 集合的属性、方法与运算
def method_of_set(n):
    name = input()                   #吉林,湖北,湖南
    my_set = set(name.split())       #输入转集合
    for i in range(n):
        ls = input().split()         #输入命令及参数,之间用空格分隔
        if ls[0] == 'print':         #如要输入的命令是"print",集合转列表输出
            print(sorted(list(my_set)))
        elif ls[0] == 'update':      #如要输入的命令是"update",用 name 中的元素修改集合
            my_set.update(set(ls[1:]))
        elif ls[0] == 'add':         #如要输入的命令是"add",在集合中加入元素 name
            my_set.add(ls[1])
        elif ls[0] == 'del':         #如要输入的命令是"del",删除集合中的元素 name,当 name
                                     #不存在时,不能引发错误
            my_set.discard(ls[1])
        elif ls[0] == 'clear':       #如要输入的命令是"clear",清空集合中全部元素
            my_set.clear()
if __name__ == '__main__':
    num = int(input())               #输入一个正整数 num
    method_of_set(num)
```

运行结果参考如下:

```
8
湖北 湖南 吉林
print
['吉林', '湖北', '湖南']
del 湖北
print
['吉林', '湖南']
clear
add 江西
add 河北
update 北京 上海 天津 重庆
print
['上海', '北京', '天津', '江西', '河北', '重庆']
```

思考与练习

1. 在 Python 中,字典(dict)是一种用于存储键值对的数据结构。每个字典由一组键(key)和对应的值(value)组成,键用于快速查找相应的值。字典中的键是唯一的,它们被用作访问字典值的标识。同一个键是否可以出现两次?

2. 数字、字符串、元组是不可变类型,列表、字典、集合是可变类型。"键必须不可变,所以可以用数字、字符串或元组充当,而用列表就不行"这句话描述得是否正确。

🔑 10.4　实验任务

1. 程序填空

【填空 10-1】　将字典 D 中所有键以列表形式输出,请在如下代码中填空。

```
#tk10-1.py
D = {1:"徐州号", 2:"常州号", 3:"舟山号"}
print(____)
```

运行结果参考如下:

```
[1, 2, 3]
```

【填空 10-2】　输出字典 d 中键值最大的键值对,请在如下代码中填空。

```
#tk10-2.py
d = {'a': 1, 'b': 3, 'c': 2,'d':5}
m = 'a'
for key in d.keys():
    _____
print('{}:{}'.format(m,d[m]))
```

运行结果参考如下:

```
d:5
```

【填空 10-3】　餐厅菜单 Menu 中有双人下午套餐的价格,计算并输出消费总额,请在如下代码中填空。

```
#tk10-3.py
Menu = {'红烧牛肉':58,'蒜蓉龙虾':88,'豆丹':108,'米饭':4}
_____
for i in _____:
    sum +=  i
print(sum)
```

运行结果参考如下:

```
258
```

2．编程

【编程 10-1】 在管理商务团队的过程中，每天都收到客户关于酒品价格的咨询。现设计一个自动机器人以提高酒品价格查询的工作效率。酒品价格对应关系以字典方式存储，其内容如下：

```
prices = {
    "苏酒 - 双沟": 200,
    "苏酒 - 汤沟": 300,
    "苏酒 - 洋河": 400,
    "苏酒 - 梦系列": 800
}
```

解题指导：编写 while 循环结构，提示用户输入酒品名称，根据用户输入的酒品，查询并显示对应价格；如果用户输入！，则结束查询。

运行结果参考如下：

```
请输入苏酒:苏酒 - 梦系列
苏酒: 苏酒 - 梦系列, price: 800.000000
```

【编程 10-2】 emoji 表情转换，输入:)，得到"笑脸"两个字，输入:(，得到"哭脸"两个字。
解题指导：emojis = {":)": "笑脸",":(": "哭脸"}。
运行结果参考如下：

```
请输入表情::(
哭脸
```

10.5 难点分析

1．字典的定义与特性

字典是一种键值对（key-value）数据结构，最大特征是通过唯一的键（key）来快速访问对应的值（value）。键值对用冒号：分隔，整个字典用 {} 包裹。
程序举例如下：

```
my_dict = {
    'name': '江海洋',
    'age': 30,
    'city': '连云港'
}
```

字典（dict）作为 Python 中的一种重要数据结构，具有许多特性和优点，能够有效地解决很多实际问题，尤其是在涉及快速查找和数据存储时。

（1）唯一键值对和快速访问。字典中的每个键是唯一的，每个键都有一个对应的值。通过键来访问值是字典最重要的特性之一。可以通过唯一的键，可以快速查找对应的值。检查字符串中每个字符的出现次数，字典非常适合这种频率统计任务，因为它可以快速存储和访问每个字符及其对应的次数。

灵活的键类型：字典的键可以是不可变类型（例如数字、字符串、元组）。这些键是固定的，可以进行快速查找。可以使用多种不可变对象作为字典的键，使得字典能够适应不同类型的应用场景。

（2）自动化更新。字典支持通过键直接访问并更新对应的值，修改字典中的某个值非常方便。对于需要频繁更新某些值的场景，字典提供了一个简洁且高效的方法。

在统计一个文件中单词的频率时，当遇到重复的单词时，可以直接更新字典中的值。

程序举例如下：

```python
def count_word_frequency(text):
    word_count = {}
    for word in text.split():
        word_count[word] = word_count.get(word, 0) + 1
    return word_count


text = "hello world hello"
print(count_word_frequency(text))
```

（3）空间效率和内存优化。字典具有较高的空间效率，因为字典存储的是键值对，而不像列表那样需要存储元素的索引。对于需要存储大量数据并频繁进行查找操作的场景，字典可以节省内存，并保持较高的查询效率。

（4）更高效的查询操作。字典的查询操作是基于哈希表的，查找某个键的值的时间复杂度为 O(1)，即无论字典多大，查找时间都不会随着字典大小的增加而增加。如果有大量数据需要频繁查找，字典是一个理想的数据结构。它能够显著提高查询操作的效率。

（5）可迭代和支持多种操作。字典支持遍历（for 循环），可以很方便地进行遍历、删除和更新操作。

将字典中的所有键值对打印出来或进行修改。程序举例如下：

```python
person = {'name': 'Alice', 'age': 25, 'city': 'New York'}

# 遍历字典中的键
for key in person:
    print(key, person[key])

# 遍历字典中的值
for value in person.values():
    print(value)

# 遍历字典中的键值对
for key, value in person.items():
    print(f"{key}: {value}")
```

2. 集合的定义与特性

集合是一种无序且不重复的数据结构，在 Python 中，集合使用花括号{}来表示，常用于存储不重复的元素。

集合的常用操作与函数如下所示。

① 添加元素：使用 add()方法可以向集合中添加新元素。

② 删除元素：使用 remove()或 discard()方法删除元素。remove()在元素不存在时会引发错误，而 discard()不会。

程序举例如下：

```
my_set = {1, 2, 3, 4, 5}
my_set.add(6)
my_set.remove(3)
my_set.discard(10)                    #不会引发错误
```

运行结果参考如下：

```
{1, 2, 3, 4, 5, 6}
{1, 2, 4, 5, 6}
{1, 2, 4, 5, 6}
```

（1）集合运算。集合支持多种数学运算，如并集、交集和差集。程序举例如下：

```
set_a = {1, 2, 3}
set_b = {3, 4, 5}
union_set = set_a | set_b            #并集
intersection_set = set_a & set_b     #交集
difference_set = set_a - set_b       #差集
```

运行结果参考如下：

```
{1, 2, 3, 4, 5}
{3}
{1, 2}
```

（2）检查元素。可以使用 in 关键字检查元素是否在集合中。程序举例如下：

```
my_set = {1, 2, 3, 4, 5}
print(3 in my_set)
print(10 in my_set)
```

运行结果参考如下：

```
True
False
```

组合数据类型综合实验

CHAPTER **11**

11.1　实验目的与要求

(1) 掌握元组、列表与字典的系列操作函数及相关方法。

(2) 了解三类基本组合数据类型；理解列表概念并掌握 Python 中的列表使用。

(3) 理解字典概念并掌握 Python 中的字典使用。

(4) 运用列表管理采集的信息，构建数据结构；运用字典处理复杂的数据信息。

(5) 运用组合数据结构进行文本词频统计。

(6) 熟练使用第三方库 jieba。

11.2　知识要点

1. 序列

序列(Sequence)是具有先后关系的一组元素，可以通过下标访问特定元素。

(1) 序列类型。

① 字符串类型：一系列字符组成的序列。

② 元组类型：一旦创建就不能被修改的序列。

③ 列表类型：创建后可以修改的序列。

(2) 创建序列。

① 元组：使用圆括号()或 tuple()创建，例如：my_tuple＝(1, 2, 3)。

② 列表：使用方括号[]或 list()创建，例如：my_list＝[1, 2, 3]。

(3) 常用方法。

① 索引和切片操作。

② len()：计算序列长度。

③ in 关键字：检查元素是否在序列中。

2. 字典

字典(Dictionary)是一种映射，用于存储键值对。键是数据索引的扩展，值是对应的数据。

(1) 创建字典。

① 使用花括号{}或 dict()创建，例如：my_dict ＝ {'name': 'Alice', 'age': 25}。

② 键值对用冒号(:)表示。

(2) 常用操作。

① 通过键获取值：my_dict['name']。

② keys()：返回所有键。

③ values()：返回所有值。

④ items()：返回所有键值对。

⑤ get(key)：获取键对应的值。

3. 集合

集合(Set)是一种无序的数据类型，用于存储多个元素。每个元素在集合中是唯一的，且不可更改。

(1) 创建集合。

① 使用花括号{}，例如：my_set={1，2，3}。

② 使用 set()构造函数，例如：my_set=set([3，4，5])。

(2) 常用操作。

① 并集：A | B 或 A. union(B)。

② 交集：A & B 或 A. intersection(B)。

③ 差集：A—B 或 A. difference(B)。

④ 添加元素：my_set. add(6)。

⑤ 删除元素：my_set. remove(4)。

⑥ 清空集合：my_set. clear()。

4. jieba

jieba 是一个中文分词库，用于将中文文本分解成单个词语。

(1) 分词原理。

它利用中文词库，确定汉字之间的关联概率，将概率大的汉字组成词组，形成分词结果。用户可以添加自定义词组。

(2) jieba 的分词模式。

① 精确模式：将文本精确地切分成若干中文单词，不存在冗余单词。

② 全模式：扫描文本中所有可能的词语，可能有不同的切分方式，会有冗余。

③ 搜索引擎模式：在精确模式基础上，对长词再次切分，适合搜索引擎索引和搜索。

(3) jieba 常用函数。

① jieba. lcut(text)：将文本分词并返回列表。

② jieba. add_word(word)：添加自定义词语。

③ jieba. del_word(word)：删除自定义词语。

🔑 11.3 实例验证

【实例 11-1】 给出一个字符串 s，内容如下，请统计并打印字符串 s 中出现单词的个数。

s = '''

President Xi Jinping elevated the Olympic spirit to a new height and pointed the way for humanity to respond to various risks and challenges as he welcomed global dignitaries at a banquet on Saturday, according to a senior Chinese diplomat. Xi and his wife, Peng Liyuan, hosted 25 dignitaries who attended the opening ceremony of the Beijing 2022

Olympic Winter Games at a banquet at the Great Hall of the People，where the State
guests were offered a carefully choreographed showpiece of traditional Chinese culture and
Winter Olympics.
　　'''

　　解题指导：通过替换文本中的标点符号并使用 split() 方法将字符串按空格分隔为单词列表，最后通过 len() 函数统计单词数量，代码如下：

```
#实例 11-1 统计并打印出现单词的个数
s = '''
President Xi Jinping elevated the Olympic spirit to a new height and pointed the way for humanity
to respond to various risks and challenges as he welcomed global dignitaries at a banquet on
Saturday, according to a senior Chinese diplomat. Xi and his wife, Peng Liyuan, hosted 25
dignitaries who attended the opening ceremony of the Beijing 2022 Olympic Winter Games at a
banquet at the Great Hall of the People, where the State guests were offered a carefully
choreographed showpiece of traditional Chinese culture and Winter Olympics.
'''
s = s.replace('"', ' ')
s = s.replace(',', ' ')
s = s.replace('.', ' ')
ls = s.split()
print(len(ls))
```

运行结果参考如下：

```
88
```

【**实例 11-2**】　电话号码转换。输入阿拉伯数字电话号码，转换为英文数字。

　　解题指导：用户输入 18312345678，结果为 One Eight Three One Two Three Four
Five Six Seven Eight，代码如下：

```
#实例 11-2 电话号码转换
numbers = {
    "1": "One",
    "2": "Two",
    "3": "Three",
    "4": "Four",
    "5": "Five",
    "6": "Six",
    "7": "Seven",
    "8": "Eight",
    "9": "Nine",
    "0": "Ten",
}
entry = input("Phone: ")
words = ''
for number in entry:
    #words += numbers[number] + ' ' # if there is no matching entry terminates
    words += numbers.get(number, '') + ' '
print(words)
```

运行结果参考如下：

```
Phone: 18312345678
One Eight Three One Two Three Four Five Six Seven Eight
```

【实例 11-3】 删除 numbers 中的重复数字。

numbers = [1, 5, 2, 1, 9, 9, 9, 9, 7, 4, 5, 5, 5, 6, 9]

解题指导：通过遍历 numbers 列表，将不在 uniques 列表中的数字依次添加到 uniques 中，从而删除重复数字并保留唯一数字，代码如下：

```python
# 实例 11-3 删除重复数字
numbers = [1, 5, 2, 1, 9, 9, 9, 9, 7, 4, 5, 5, 5, 6, 9]
uniques = []
for number in numbers:
    if number not in uniques:
        uniques.append(number)
print(numbers)
print(uniques)
```

运行结果参考如下：

```
[1, 5, 2, 1, 9, 9, 9, 9, 7, 4, 5, 5, 5, 6, 9]
[1, 5, 2, 9, 7, 4, 6]
```

【实例 11-4】 《三国演义》人物出场统计，统计小说中人物出场的次数。

解题指导：通过分词和统计词频，用代码计算《三国演义》中人物名称的出现次数，最后按出现次数从高到低排序，并输出前 15 名人物及其出场次数，代码如下：

```python
# 实例 11-4 统计人物出场次数
import jieba
def load_text(file_path):
    """加载文本文件并返回内容."""
    with open(file_path, "r", encoding = "utf-8") as file:
        return file.read()
def count_words(text):
    """统计文本中每个词的出现频率."""
    words = jieba.lcut(text)
    counts = {}
    for word in words:
        if len(word) > 1:    # 过滤掉单字词
            counts[word] = counts.get(word, 0) + 1
    return counts
def sort_word_counts(counts):
    """将词频字典按频率排序并返回前 N 项."""
    sorted_items = sorted(counts.items(), key = lambda x: x[1], reverse = True)
    return sorted_items
def display_top_words(sorted_items, top_n = 15):
    """打印出现频率最高的词."""
    for i in range(min(top_n, len(sorted_items))):
        word, count = sorted_items[i]
        print(f"{word:<10}{count:>5}")
def main():
    """主函数."""
    file_path = "threekingdoms.txt"
```

```
    text = load_text(file_path)
    word_counts = count_words(text)
    sorted_word_counts = sort_word_counts(word_counts)
    display_top_words(sorted_word_counts)
if __name__ == "__main__":
    main()
```

运行结果参考如下：

曹操	953
孔明	836
将军	772
却说	656
玄德	585
关公	510
丞相	491
二人	469
不可	440
荆州	425
玄德曰	390
孔明曰	390
不能	384
如此	378
张飞	358

思考与练习

1. 实例 11-3 中是否可以通过集合 Set 完成？

实例 11-3 中删除 numbers 列表中的重复数字可以通过集合来实现。集合的特点是只存储唯一的元素，因此可以有效地去除重复项。

示例代码如下：

```
numbers = [1, 5, 2, 1, 9, 9, 9, 9, 7, 4, 5, 5, 5, 6, 9]

# 使用集合去除重复数字
unique_numbers = list(set(numbers))   # 将集合转换回列表
print("原始列表:", numbers)
print("去重后的列表:", unique_numbers)
```

2. 实例 11-4 中如何把人物的字号和名字整合？

在实例 11-4 中，假设有两个列表，分别存储人物的字号和对应的人物名字。我们可以使用字典来将这些信息整合起来，以便更方便地管理和查找。

示例代码如下：

```
# 示例数据
sizes = ['曹操', '孔明', '将军', '玄德', '关公']
counts = [953, 836, 772, 585, 510]
```

```
#假设有两个列表,一个存储角色名字,一个存储出场次数
names = ['曹操', '孔明', '将军', '玄德', '关公']
counts = [953, 836, 772, 585, 510]

#使用字典整合角色名字和出场次数
character_stats = {name: count for name, count in zip(names, counts)}

#输出整合结果
for name, count in character_stats.items():
    print(f"{name:<10} 出场次数: {count}")
```

11.4　实验任务

1. 程序填空

【填空 11-1】　有一个列表 students 如下:

students = [{'No':'2021003','语文': 90,'数学':95,'体育':92}, {'No':'2021001','语文': 80,'数学':85,'体育':82}, {'No':'2021002','语文': 70,'数学':75,'体育':72}]

提取列表 students 的数据内容,放到字典 scores 里,在屏幕上按学号从小到大的顺序显示输出 scores 的内容。输出内容示例如下:

```
2021001:[80, 85, 82]
2021002:[70, 75, 72]
2021003:[90, 95, 92]
```

请在如下代码中填空。

```
#tk11-1.py
students = [{'No':'2021003','语文': 90,'数学':95,'体育':92}, {'No':'2021001','语文': 80,'数学':85,'体育':82}, {'No':'2021002','语文': 70,'数学':75,'体育':72}]
scores = {}
for stud in students:
    sv = _____
    v = []
    for it in sv:
        if it[0] == 'No':
            k = it[1]
        else:
            v.append(it[1])
    _____
so = _____
so.sort(key = lambda x:x[0],reverse = False)
for l in so:
    print('{}:{}'.format(l[0],l[1]))
```

运行结果参考如下:

```
2021001:[80, 85, 82]
2021002:[70, 75, 72]
2021003:[90, 95, 92]
```

【填空 11-2】 从键盘输入一个列表，计算输出列表元素的均方差，请在如下代码中填空。

```
#tk11-2.py
def mean(numlist):
    s = 0.0
    for num in numlist:
        s = s + num
    return s/len(numlist)
def dev(numlist,mean):
    sdev = 0.0
    for num in numlist:
        sdev = sdev + (num - mean) ** 2
    return (sdev /(len(numlist) - 1) ) ** 0.5
#请输入一个列表:
ls = eval(input(""))
print("均方差为:{:.2f}".format(_____ ))
```

运行结果参考如下：

```
[1,45,98,145,198,243]
均方为:91.75
```

【填空 11-3】 a 和 b 是两个列表变量，列表 a 为[3，6，9]已给定，键盘输入列表 b，计算 a 中元素与 b 中对应元素指数幂的累加和。例如：键盘输入列表 b 为[1，2，3]，累加和为 $3^1 + 6^2 + 9^3 = 768$，因此，屏幕输出计算结果为 768，请在如下代码中填空。

```
#tk11-3.py
a = [3,6,9]
b =  eval(input())    #例如:[1,2,3]
_____
for i in _____ :
    s  += pow(a[i], b[i])
print(s)
```

运行结果参考如下：

```
[1,2,3]
768
```

【填空 11-4】 从键盘输入一段中文文本，用 jieba 分词后，将切分的词组按照原话逆序输出到屏幕上，词组中间没有空格。例如输入：我爱海洋大学，则输出：海洋大学爱我。请在如下代码中填空。

```
#tk11-4.py
import jieba
txt = input("请输入一段中文文本:")
_____
for i in _____ :
print(i,end = '')
```

运行结果参考如下：

```
我爱海洋大学
海洋大学爱我
```

2．编程

【编程 11-1】　编程统计字符串变量 s 中的中文字符个数及中文词语个数。

解题指导：需要注意中文字符包含中文标点符号，可使用 Python 内置函数及 jieba 库函数计算。

运行结果参考如下：

```
中文字符数为 240,中文词语数为 128。
```

【编程 11-2】　某仓库管理系统的数据格式如下：

```
total = [
    {"huawei": "HUAWEI - A", "quantity": 100},
    {"huawei": "HUAWEI - B", "quantity": 200},
    {"huawei": "HUAWEI - C", "quantity": 400},
    {"huawei": "HUAWEI - D", "quantity": 300},
]
```

请根据以下任务要求，编程实现对 total 列表内容的修改：

（1）统计仓库的物品总数量（quantity）。

（2）入库 HUAWEI -A 商品 100 件，请更新 HUAWEI -A 的库存记录。

（3）HUAWEI -E 新品上市，入库 300 件商品，请在 total 中新增一条相应记录。

（4）HUAWEI -B 已停产，请删除 HUAWEI -B 商品。

（5）使用切片方法显示 total 中的最后一行记录。

运行结果参考如下：

```
统计仓库的物品总数量(quantity)
仓库的物品总数量: 1000
----------------------------------------------------------------
入库 HUAWEI - A 商品 100 件,请更新 HUAWEI - A 的库存记录
更新后数据:[{'huawei': 'HUAWEI - A', 'quantity': 200}, {'huawei': 'HUAWEI - B', 'quantity':
200}, {'huawei': 'HUAWEI - C', 'quantity': 400}, {'huawei': 'HUAWEI - D', 'quantity': 300}]
----------------------------------------------------------------
HUAWEI - E 新品上市,入库 300 件商品,请在 total 中新增一条相应记录
更新后数据:[{'huawei': 'HUAWEI - A', 'quantity': 200}, {'huawei': 'HUAWEI - B', 'quantity':
200}, {'huawei': 'HUAWEI - C', 'quantity': 400}, {'huawei': 'HUAWEI - D', 'quantity': 300},
{'huawei': 'HUAWEI - E', 'quantity': 300}]
----------------------------------------------------------------
HUAWEI - B 已停产,请删除 HUAWEI - B 商品
更新后数据:[{'huawei': 'HUAWEI - A', 'quantity': 200}, {'huawei': 'HUAWEI - C', 'quantity':
400}, {'huawei': 'HUAWEI - D', 'quantity': 300}, {'huawei': 'HUAWEI - E', 'quantity': 300}]
----------------------------------------------------------------
使用切片方法显示 total 中的最后一行记录
最后一行数据: {'huawei': 'HUAWEI - E', 'quantity': 300}
```

🔑 11.5 难点分析

jieba 库的分词原理与功能概述如下。

jieba 是一个流行的 Python 中文分词库,其核心分词原理可以通过以下两个步骤来理解:词图生成与动态规划。这两个步骤相辅相成,共同实现了高效和精确的中文分词。

(1) 词图生成。

jieba 首先利用一个前缀词典生成所有可能的词语组合。它将待分词的句子分解成多个字,并将这些字之间的所有可能组合(词语)生成一个有向无环图(Directed Acyclic Graph,DAG)。在这个图中,每个节点代表一个字,每条边代表从一个字到另一个字可能组成的词。图中的路径表示了从起点到终点的不同可能切分方式。例如,给定句子"我喜欢江海大",jieba 会基于词典生成一个图,其中每个节点代表一个汉字,边连接的是这些字所构成的词。

(2) 动态规划。

在生成了词图后,jieba 使用动态规划(DP)算法来从这些路径中找到最佳的切分方式。动态规划的目的是通过计算每个节点的最佳切分路径,找到整个句子最佳的词语组合。jieba 根据词频来判断哪个路径是最可能的,即选择词频最高的路径作为最终的分词结果。

(3) 未登录词处理。

对于一些在词典中不存在的新词(也称为"未登录词"),jieba 采用了基于汉字成词能力的隐马尔可夫模型(HMM),并结合 Viterbi 算法进行处理。这使得 jieba 能够识别并处理一些新的、未在词典中出现的词语。

(4) 主要分词功能。

① jieba. cut 是最基本的分词方法,接受三个参数。s:待分词的字符串。cut_all:是否采用全模式分词。默认为 False(精确模式),如果设置为 True,则采用全模式分词。HMM:是否启用 HMM 模型(对未登录词进行处理)。默认为 True,表示使用 HMM 模型。

该函数返回一个生成器,通过 for 循环可以遍历分词结果。返回的每个词语都是 Unicode 字符串。

程序示例如下:

```
import jieba
text = "我喜欢江海大"
seg_list = jieba.cut(text)
print("分词结果:", "/ ".join(seg_list))
```

② jieba. cut_for_ search:接受两个参数。s:待分词的字符串。HMM:是否使用 HMM 模型。

程序示例如下:

```
seg_list_search = jieba.cut_for_search("江苏连云港")
print("搜索引擎分词结果:", "/ ".join(seg_list_search))
```

③ jieba. lcut 和 jieba. lcut_for_search。这些方法和 cut、cut_for_search 相似,但是它们返回的是列表,而不是生成器。使用这种方式时,分词结果更直接,适合直接使用。

程序示例如下：

```
seg_list_lcut = jieba.lcut("我喜欢江海大")
print("lcut 分词结果:", seg_list_lcut)
```

④ 自定义分词器。如需使用自定义词典，可以通过 jieba. Tokenizer（dictionary = custom_dict）创建一个自定义分词器。使用自定义词典时，调用 jieba. load_userdict（path）可以加载自定义词典，使得 jieba 在分词时能识别这些词语。

程序示例如下：

```
jieba.load_userdict("path/to/custom_dict.txt")
custom_text = "你是我的朋友"
seg_list_custom = jieba.cut(custom_text)
print("自定义词典分词结果:", "/ ".join(seg_list_custom))
```

第 *12* 章

文件和数据格式化

CHAPTER *12*

🔑 12.1　实验目的与要求

（1）熟练掌握文件的打开、关闭和读写。

（2）理解数据组织的维度，掌握一维数据和二维数据的处理方法。

（3）掌握采用 CSV 格式对一维和二维数据文件进行读写的方法。

（4）掌握 PIL、jieba、WordCloud 等第三方库的使用方法，并能熟练使用其中的常用方法。

🔑 12.2　知识要点

1．数据文件类型

在需要操作大量数据时，往往使用文件，主要用文本文件和二进制文件存储数据。文本文件中以字符存储数据，字符是有编码的，例如 GBK、UTF-8 等；二进制文件以字节形式存储数据，EXE、JPG、PNG、DOCX、XLSX、PPTX 等都是二进制文件。另一方面，对文件进行访问时又存在读取和写入的区别，这些因素都需要在访问文件前，注意选择不同的打开模式。

2．正确打开文件

正确地打开文件是数据访问的开端。可以用 open() 函数打开文件，open() 函数的语法为：open(<文件名>,mode='r',encoding=None)。open() 函数中的参数较多，<文件名>和打开模式是最重要的，其中打开模式为可选参数，默认为'r'（只读）；encoding 文件的编码方式，可选参数，默认为 None。应根据文件内容和访问方式，正确选择不同的打开模式，常用的的打开文件语句如下所示。

（1）<变量名>=open(<文件名>,'r')或<变量名>=open(<文件名>)，以只读模式（默认）打开一个文本文件，文件内容不能修改，只能读取。

（2）<变量名>=open(<文件名>,'r+')，以可读写模式打开一个文本文件，文件内容既能读取也能修改（写入）。

（3）<变量名>=open(<文件名>,'w')，以覆盖写模式打开一个文本文件，如果文件不存在则创建，如果文件已存在则覆盖原文件。

（4）<变量名>=open(<文件名>,'a+')，以可读写（追加写）模式打开一个文本文件，如果文件不存在则创建，如果文件已存在则在最后追加内容。

（5）<变量名>=open(<文件名>,'rb')，以只读模式打开一个二进制文件，文件内容不能修改，只能读取。

特别指出，如果文件以文本文件方式打开，则读取字符串；如果文件以二进制方式打开，则读取字节流。

3．常用的访问文件方法

文件内容的读取和写入需要调用文件对象的相应方法实现，表 12-1 列出了常用的访问文件方法，其中包括重要的读写方法。

表 12-1　常用的访问文件方法

方　　法	描　　述
read([size＝−1])	读取 size 长度的字符串或字节流，默认 size 时，读取所有字符串或字节流
readline([size＝−1])	读取整行内容，包括"\n"字符，size 是读取的行数或字节数
readlines([size＝−1])	读取所有行到一个列表，每行是一个元素
seek(offset)	设置文件指针的当前位置，offset 值：0-文件开头，1-当前位置，2-文件尾部
tell()	返回文件指针的当前位置
write(str)	将字符串或字节流写入文件，没有返回值
writelines(sequence)	向文件写入一个序列字符串列表，如果需要换行则要手工加入每行的换行符
flush()	在文件没有关闭的情况下，将内部缓冲区的数据写入磁盘文件
close()	关闭文件

12.3　实例验证

【实例 12-1】　从文件中读出内容，经处理后再写回到文件中。

解题指导：本例是文件的基本操作，预先准备好一个文本文件 test.txt 存放于当前文件夹的下一级 data 子文件夹中，先将该文件中内容读出，将其中的字符串"java"替换为"javaee"，再写回到同一文件中。

注意 test.txt 文件的两次打开模式，先是以 r 方式打开，以便进行读取数据，然后再以 w 方式打开，即可进行数据写入。

```
＃实例 12−1 文件读写
f = open('data/test.txt', 'r')
data = f.read()                         ＃读取文件中的所有内容,返回字符串
data1 = data.replace('java', 'javaee')  ＃将 java 替换成 javaee
f = open('data/test.txt', 'w')
f.write(data1)                          ＃这一步并没有真正写到文件
f.flush()                               ＃刷新到磁盘才真正写到文件
f.close()
```

注意以上程序中，文件路径的写法，可参见本实验的难点分析内容说明。本例程序的运行结果如图 12-1 所示。

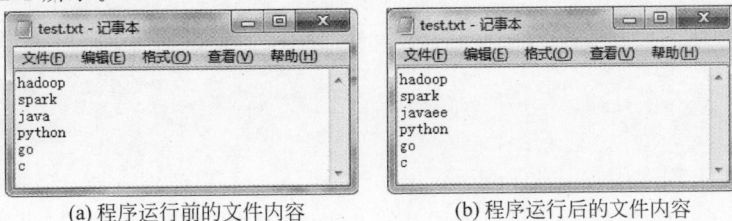

(a) 程序运行前的文件内容　　(b) 程序运行后的文件内容

图 12-1　实例 12-1 程序运行前后的文件内容对比

【实例 12-2】　从文件读出内容,进行字母统计。

解题指导: 文件的使用分为打开文件、处理文件、关闭文件三个步骤。本题中有一英文文本文件,需要从文件中读出内容,所以该文件的打开方式是只读模式 r,关闭文件时调用文件对象 fo 的 close()方法即可。

文件的处理是要统计每个英文字母(不区分大小写)个数、其他字符的个数。可将文本文件的所有内容读出到一个字符串变量中,使用 for 循环对每个字符进行处理。

```
#实例 12-2 统计文件中字母个数
fname = input("请输入文件名:")
fo = open(fname,"r")                        #以只读模式打开指定文件
ls = fo.read()                             #读取整个文件内容,以字符串方式存于 ls
#创建一个有 27 个元素的列表 char,初始值 0
#列表 char 用于存放 26 个英文字母和其他字符个数
char = [0 for x in range(0,27)]
for i in range(len(ls)):                    #对每个字符进行遍历
    if "A"<= ls[i].upper()<= "Z":          #将字符转换为大写字母,并判断是否为英文字母
        char[ord(ls[i].upper()) - ord("A")] += 1  #相应字符个数增 1
    else:
        char[26] += 1                       #其他字符个数增 1
print(char)
fo.close()                                  #关闭文件
```

以上程序的运行,需要提前准备好一个文本文件 a.txt(和本程序在同一个文件夹下),其中有若干英文字符和标点符号、空格等内容。程序运行时输入该文件名 a.txt,则程序运行结果如下所示,即 A 的个数为 58,B 的个数为 10,……,Z 的个数为 0,其他字符个数为 194。

```
=================== RESTART: e12 - 2.py ==================
请输入文件名:a.txt
[58, 10, 25, 34, 86, 15, 30, 51, 65, 0, 12, 27, 5, 53, 42, 9, 0, 38, 24, 59, 18, 4, 12, 0, 12,
0, 194]
>>>
```

以上程序中,调用 read()方法读取整个文件内容,也可以将文本文件本身作为一个行序列,遍历所有行并进行相应处理,也可以达到同样目的。

```
fname = input("请输入文件名:")
fo = open(fname,"r")                        #以只读模式打开指定文件
char = [0 for x in range(0,27)]
for line in fo:                             #对每行进行遍历,line 中是一行字符内容
    for i in range(len(line)):             #对一行中的每个字符进行处理
        if "A"<= line[i].upper()<= "Z":
            char[ord(line[i].upper()) - ord("A")] += 1  #对英文字母进行统计
        else:
            char[26] += 1                   #其他字符个数增 1
print(char)
fo.close()                                  #关闭文件
```

思考: 在以上程序中,char[ord(line[i].upper())-ord("A")] += 1 语句实现对字符个数进行计数,除了这种方法外,还可以使用其他方法,读者可以考虑调用字符串的 count()函数进行统计,请对以上程序进行修改。

【实例 12-3】　对一个 GIF 格式动态文件,提取其中各帧图像,并保存为 PNG 格式。

解题指导：PIL 库是 Python 语言的第三方库,支持图像存储、显示和处理,使用 from PIL import Image 导入该库中的 Image 类,它的对象可以代表一个图像文件,该类包含多个方法,通过对方法的调用实现某一具体操作,本程序中使用 open()、tell()、save()、seek()等方法实现了题目所要求的功能。代码如下:

```
#实例 12-3 提取 GIF 文件各帧图像
from PIL import Image
im = Image.open('dog.gif')                    #打开一个 GIF 文件,创建图像对象 im
try:
    #tell()返回当前帧的序号,保存为 PNG 格式文件,文件名为 picframe**.png
    im.save('picframe{:02d}.png'.format(im.tell()))
    while True:
        im.seek(im.tell() + 1)                #跳到下一帧图像
        im.save('picframe{:02d}.png'.format(im.tell()))
except:
    print("处理结束")
```

程序运行结果如下：

```
=================== RESTART: e12-3.py ==================
处理结束
>>>
```

本实例程序运行后,对 GIF 格式图像的处理结果如图 12-2 所示,其中 dog.gif 文件中包括 7 帧图像,程序提取后,保存为 picframe00.png~picframe06.png 等 7 个图像文件。

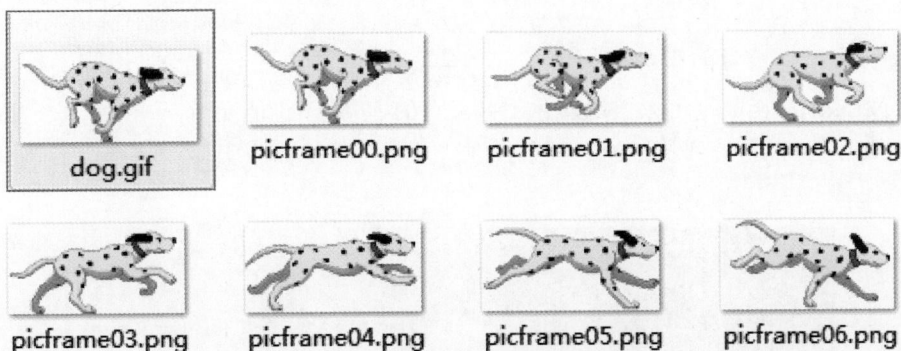

图 12-2　从 GIF 文件中提取各帧图像的结果

【实例 12-4】　对一给定图像绘制其相应的字符画。

解题指导：本实例需要导入 Pillow 库的 Image 模块,以便调用库函数进行图像处理。由于给定彩色图像使用 RGB 色彩模式,通过对红、绿、蓝三种颜色通道的变化以及它们之间的叠加来表现其丰富的颜色。使用程序将彩色图像转换为字符画时,先将彩色图像转换为灰度图像,然后再把不同灰度等级的像素对应到不同明暗的 ASCII 字符。本例实现过程需要以下几个步骤。

（1）打开彩色图像文件。

（2）图像像素点的 RGB 颜色值→灰度值(0~255)→对应字符,得到一个字符串(即字符画的内容)。

（3）将字符串写入文本文件中。

```
# 实例 12 - 4 绘制图像字符画
from PIL import Image                          # 导入 Pillow 库的 Image 模块
def getchar(gray):                             # 将像素灰度值转为对应字符
    n = gray//16
    return ascii_chars[int(n)]

img_name = 'ZNS1.jpg'
img = Image.open(img_name)                     # 打开彩色图像文件
width,height = 300, 130                         # 调整图像的尺寸
img = img.resize((width, height))
img = img.convert('L')          # 使用 convert()方法转换图像的颜色模式为灰度模式
ascii_chars = list('MNHQ$OC?7>!:-;. ')         # 本题字符画选定的 16 个字符
text = ''
for y in range(height):                        # 遍历每个像素点 (x,y)
    for x in range(width):
        text += getchar(img.getpixel((x, y)))  # 得到像素点灰度值对应的字符
    text += '\n'
fo = open('ZNS2.txt', 'w')                     # 字符画输出的文件,以写方式打开
fo.write(text)
fo.close()
```

以上程序中，img＝img. convert('L')语句调用 convert()方法将彩色图像的 RGB 模式转换为灰度模式，其中参数'L'表示灰度模式，'RGB'表示真彩色模式。灰度图中使用 256 级灰度值（0～255）表示像素点颜色，那么如何将红、绿、蓝三维颜色值映射到一维的灰度值呢？PIL 库中用以下公式对每个像素的 R(红)G(绿)B(蓝)值转换为灰度值 L：

$$L = R * 0.299 + G * 0.587 + B * 0.114$$

获得灰度图像素点的灰度值使用 img. getpixel((x, y))方法，其中(x,y)为像素点坐标，同样 getpixel()函数也可以获取彩色图像素点的 RGB 三色值元组(r,g,b)。

以上程序运行后，得到字符画文件如图 12-3 所示，其字体为宋体、八号，适当调整了图片的缩放比。

(a) ZNS1.jpg　　　　　　　　　　(b) ZNS2.txt

图 12-3　实例 12-4 图像字符画绘制结果

【实例 12-5】　对 CSV 文件中数据进行排序，并将排序后的结果写回到另一文件中。

解题指导：CSV 文件中数据分隔采用英文半角逗号，这是一种通用的文件格式，它既可以存储一维数据，也可以存储二维数据。

本题中若干无序数据以逗号间隔保存在 CSV 文件中,按打开文件、读出数据、处理数据、写入文件、关闭文件步骤进行程序设计,其中处理数据是对若干无序数据进行冒泡排序。

```
#实例 12－5 CSV 文件内容读写
#读取文件内容
fr = open("sort.csv", "r")
ls = []                              #创建列表
for line1 in fr:                     #对 CSV 文件中的每行进行遍历
    line1 = line1.replace("\n","")   #删除行末的换行符,一行内容是一个整体
    line2 = line1.split(",")         #以逗号分隔的数据保存于 line2 列表中
    for i in range(len(line2)):
        #将 line2 中每个数据添加到列表 ls 中
        ls.append(eval(line2[i]))
print(ls)                            #输出排序前的 ls
fr.close()

#对 ls 列表中的数据进行冒泡排序
for i in range(len(ls)):
    for j in range(0,len(ls) - 1 - i):
        if ls[j]> ls[j + 1]:         #进行升序排列
            ls[j],ls[j + 1] = ls[j + 1],ls[j]
print(ls)                            #输出排序后的 ls

#写回文件
fw = open("result.csv","w")          #以写模式打开目标文件
for i in range(len(ls)):
    ls[i] = str(ls[i])               #将数值转换为字符串
fw.write(",".join(ls))               #将每个元素加逗号分隔后写入文件中
fw.close()
```

以上程序运行后,Python Shell 窗口的显示结果如下所示,其中第 1 行为从原始 CSV 文件中读出的无序数据,第 2 行为进行升序排列后的数据。同时,文件也有变化,会产生一个 result.csv 文件,其中存储的是排序后的数据,如图 12-4 所示。

```
=================== RESTART: e12－5.py ==================
[23, 45, 2, 90, 341, 123, 56, 12, 1, 512, 19, 6, 76, 88, 82]
[1, 2, 6, 12, 19, 23, 45, 56, 76, 82, 88, 90, 123, 341, 512]
```

```
23, 45, 2, 90, 341
123, 56, 12, 1, 512
19, 6, 76, 88, 82
```
原始文件sort.csv

`1, 2, 6, 12, 19, 23, 45, 56, 76, 82, 88, 90, 123, 341, 512`
结果文件result.csv

图 12-4　实例 12-5 原始文件和结果文件内容

【实例 12-6】　从文本文件中生成词云。

解题指导:准备好一个关于某个主题的文本文件,读出其中内容到一个字符串变量中,调用 WordCloud 库和 jieba 库的相应函数生成词云,词云图保存到指定文件中,代码如下:

```
#实例 12－6 生成词云
import jieba
import wordcloud
file1 = open("word.txt","r")
txt = file1.read()
w = wordcloud.WordCloud(width = 1000,font_path = "simsun.ttc",\
```

```
                              height = 700,background_color = "white")  # 设置生成词云的参数
      w.generate(" ".join(jieba.lcut(txt)))        # 调用 jieba 库的分词函数 lcut()生成词云
      w.to_file("cloud.png")                       # 将词云图保存到图片文件中
      file1.close()
```

以上程序运行前,需要安装 jieba 和 WordCloud 库,安装第三方库的方法见相关资料。程序运行后,显示结果如下所示,查看词云需要打开生成的图片文件 cloud.png,显示如图 12-5 所示。

```
================== RESTART: e12 - 6.py ==================
Building prefix dict from the default dictionary ...
Loading model from cache C:\Users\ADMINI~1\AppData\Local\Temp\jieba.cache
Loading model cost 1.040 seconds.
Prefix dict has been built successfully.
>>>
```

图 12-5　实例 12-6 生成的词云图

思考与练习

1. 在理解实例 12-4 程序基础上,适当改变程序中的 ASCII 字符序列,并适当修改其他代码,对另外一张彩色图片,生成其对应的字符画。

2. 对实例 12-5 的程序进行修改,引入自定义函数,将冒泡排序部分的代码放到自定义函数中,并在 main()函数中调用该自定义函数。

🔑 12.4　实验任务

1. 程序填空

【填空 12-1】　编写程序,根据用户输入的星座名称,输出此星座的出生日期范围及对应的星座符号(如表 12-2 所示)。程序不完整,请完善代码。

星座及出生日期范围已存于文件 SunSign.csv 中,文件内容如图 12-6 所示。首先,读入 CSV 文件中数据到一个列表中;然后,获得用户输入,则输出此星座信息,直至用户输入"exit"程序结束。

表 12-2　十二星座符号及其编码

NO	Unicode 编码	字　符
1	9800	♈
2	9801	♉
3	9802	♊
4	9803	♋
5	9804	♌
6	9805	♍
7	9806	♎
8	9807	♏
9	9808	♐
10	9809	♑
11	9810	♒
12	9811	♓

```
#tk12-1根据星座名称显示星座信息
fo = open("SunSign.csv","r", encoding = 'utf-8')
ls = []
for _____ in fo:                    #以"行"为单位进行处理
    line = line.replace("\n","")       #去掉行末的换行符
    ls._____(line.split(","))       #追加数据到 ls 列表
fo.close()

while True:                            #无限循环
    InputStr = input()                 #输入星座名称
    InputStr.strip()                   #去掉开头和结尾的空白
    flag = False                       #flag 变量初始值为 False
    if _____ :                      #输入 exit,结束循环
        break
    for line in ls:
        if InputStr == line[0]:        #line[0]中内容是星座名称
            #对输出结果进行格式化
            print("{}座的生日位于{}～{}".____\      #\是续行符
(chr(eval(line[3])),line[1],line[2]))
            flag = True                #输入星座正确,flag 为 True
    if flag == _____ :
        print("输入星座名称有误!")
```

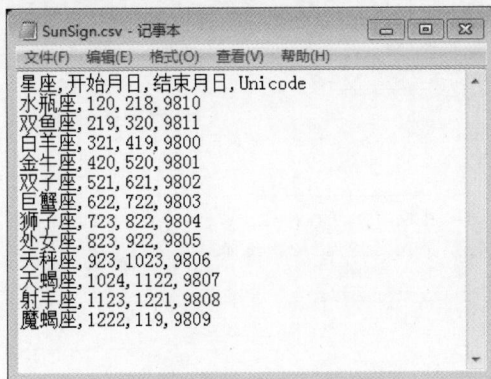

图 12-6　SunSign. csv 文件内容

程序运行结果如下：

```
=================== RESTART: tk12 - 1.py ==================
白羊座
♈座的生日位于 321～419
天蝎座
输入星座名称有误!
水瓶座
♒座的生日位于 120～218
exit
>>>
```

【填空 12-2】 编写程序，统计并输出传感器采集数据中光照部分的最大值、最小值和平均值，所有值保留小数点后 2 位数字。程序不完整，请完善代码。

已知传感器采集数据文件为 sensor-data.txt，如图 12-7 所示，其中每行是一个整体数据，分别包括"日期、时间、温度、湿度、光照和电压"等 6 个读数，光照数据处于第 5 列，在列表中表示光照数据时下标应为 4。

图 12-7   sensor-data.txt 文件内容

```
# tk12 - 2 根据数据,统计光照数据
f = open("sensor - data.txt", "r")
avg, cnt = 0, 0
maxv, minv = 0, 9999          # 最大值、最小值变量的初始值
for line in_____:
    ls = line.split()
    cnt += 1
    val = eval(ls[____])      # 将第 5 列数据存于 val 变量中
    avg += val                # 累加光照值到 avg
    if val_____maxv:
        maxv = val            # maxv 中是光照的最大值
    if val < minv:
        minv = val            # minv 中是光照的最小值
# 以 2 位小数格式显示最大值、最小值、平均值
print("最大值、最小值、平均值分别是:{:.2f},{:.2f},{:.2f}".\
    format(maxv, minv,_____))
f._____()
```

程序运行结果如下：

```
=================== RESTART: tk12 - 2.py ==================
最大值、最小值、平均值分别是:47.08,45.08,46.08
>>>
```

2. 编程

【编程 12-1】 文件 smartPhone.txt 存放着部分公司手机年销量数据，每行为每家公司

连续 4 年的销量数据，数据项间以制表符作为分隔，文件内容如图 12-8 所示。

编写程序，显示各公司年销量是否快速增长的情况(设年销量增长率均超过 30% 为快速增长)，程序运行结果如图 12-9 所示。现给出部分程序代码，请根据题目要求进行编程。

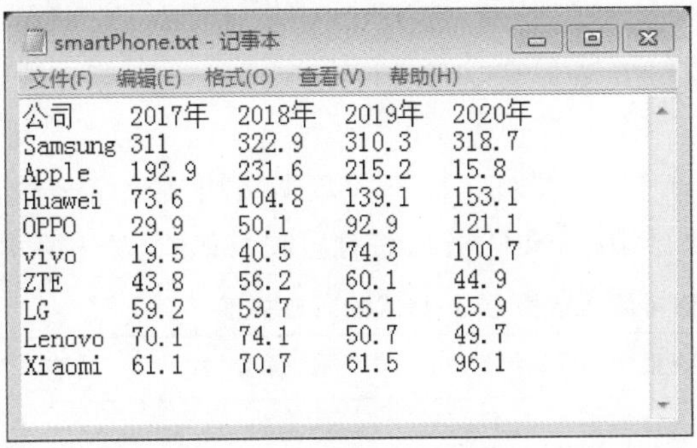

smartPhone.txt - 记事本

文件(F) 编辑(E) 格式(O) 查看(V) 帮助(H)

公司	2017年	2018年	2019年	2020年
Samsung	311	322.9	310.3	318.7
Apple	192.9	231.6	215.2	15.8
Huawei	73.6	104.8	139.1	153.1
OPPO	29.9	50.1	92.9	121.1
vivo	19.5	40.5	74.3	100.7
ZTE	43.8	56.2	60.1	44.9
LG	59.2	59.7	55.1	55.9
Lenovo	70.1	74.1	50.7	49.7
Xiaomi	61.1	70.7	61.5	96.1

图 12-8 smartPhone.txt 文件内容

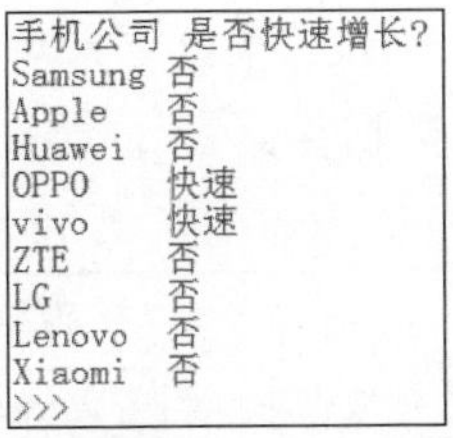

```
手机公司 是否快速增长?
Samsung 否
Apple   否
Huawei  否
OPPO    快速
vivo    快速
ZTE     否
LG      否
Lenovo  否
Xiaomi  否
>>>
```

图 12-9 编程 12-1 程序运行结果

```
#编程 12-1 求手机销量统计
def isBigGrowth(L,rate):                    #判断手机销量是否快速增长
    ???此处进行编程

print ("手机公司 是否快速增长?")
data = []
#打开文件并注明文件编码格式
with open("smartPhone.txt",encoding = "gbk") as f:
    data = f.readlines()

del data[0]                                 #删除第 1 行的标题内容
for company in data:                        #对每行内容进行遍历
    company = company.split()
    #将手机公司名称排除在外,只对销售数据进行处理
    for i in range(1,len(company)):
        company[i] = float(company[i])
    #对 company 列表进行判断
    if isBigGrowth(company[1:],30/100):     #company[]列表作实参
        print ("%s\t%s" % (company[0],"快速"))
    else:
        print ("%s\t%s" % (company[0],"否"))
```

12.5 难点分析

1. 文件路径的表示

在 Python 中表示文件路径，不能用“D:\myfile\bat.txt”这样的表示，解释器会将\当成是转义符，进行错误的解释，因此需要使用“\\”或“/”代替之。既可以写成“D:/myfile/bat.txt”或“D:\\myfile\\bat.txt”，也可以用相对路径表示“myfile/bat.txt”或“myfile\\bat.txt”。

2. CSV 文件

（1）当文件中包含有多个数据时，数据之间需要分隔符，如空格、逗号、其他特殊符号等都可以作为分隔符。当以英文半角逗号为分隔符时，即为 CSV 格式文件，它可以存储一维数据也可以存储二维数据。文件的读写方法配合 split()、join()、strip() 等方法可以完成 CSV 格式文件的读出和写入操作。

（2）Python 中以多种数据结构表示和处理数据，而不同数据结构又对应某些常用格式文件进行数据存储，不同维度数据与数据结构、文件格式的对应关系如表 12-3 所示。

表 12-3　维度数据与数据结构、文件格式的对应关系

数据维度	数据之间逻辑关系	数据结构	存储格式
一维数据	数据形成对等的线性结构，如一行数据	列表、集合	CSV
二维数据	数据形成二维列表结构，如由多行组成的行序列	列表	CSV
高维数据	采用键值对拓展的二维关系，用对象方式组织	字典、JSON、XML	JSON 数据

对于一维数据，可在多个数据项之间用逗号分隔（英文半角），形成线性结构，保存为 .csv 文件，方便读入列表或集合类型变量中。

对于二维数据，数据分成多行，每行多个数据之间用逗号分隔（英文半角），形成二维列表结构，方便读入列表变量中。

对于高维数据，数据存储在"键值对(key:value)"中，例如"姓名"："张华"，多个数据之间由逗号分隔，例如"姓名"："张华"，"语文"："116"。用花括号定义 JSON 对象，如{"姓名"："张华"，"语文"："116"}，多个 JSON 对象用方括号保存形成一个 JSON 数组，如[{"姓名"："张华"，"语文"："116"}，{…}]。

3. 使用第三方库

（1）PIL 库可进行图像存储与处理，Python3 中使用该库前需安装 Pillow。Image 是该库的核心类，本实验中使用的常用属性与方法如表 12-4 所示。

表 12-4　本实验中 PIL 库的常用属性与方法

属性或方法函数	说明	属性或方法函数	说明
PIL.Image.format	图像文件的格式，如果图像不是从文件读取，它的值就是 None	PIL.Image.mode	图像模式，反映图像类型以及像素类型和深度：1 表示黑白图像；L 表示灰度图像；RGB 表示真彩色图像；CMYK 表示出版图像
PIL.Image.size	图片的尺寸，以水平和垂直方向上的像素数表示	PIL.Image.new()	创建新图像
PIL.Image.open()	打开指定图像文件	PIL.Image.save()	保存图像文件
PIL.Image.convert()	将当前图像转换为其他模式，并且返回新的图像	PIL.Image.getpixel()	返回给定位置的像素值，如果图像为多通道，则返回一个元组
PIL.Image.tell()	返回序列类图像的当前帧号	PIL.Image.seek()	跳转到图像文件中指定序号的帧

除 Image 类外，ImageFilter 类用于对图像应用各种滤镜效果，ImageEnhance 类用于增强图像的某些特性，如亮度、对比度、色彩饱和度等。其他更多类、属性与方法函数见相关参考资料。

（2）jieba 库是优秀的中文分词第三方库，利用一个中文词库，确定汉字之间的关联概率，将关联概率大的汉字组成词组，形成分词结果。jieba 分词有以下三种模式。

① 精确模式：把文本精确切分开，不存在冗余单词。

② 全模式：把文本中所有可能的词语都扫描出来，有冗余。

③ 搜索引擎模式：在精确模式基础上，对长词再次切分。

jieba 库的常用函数如表 12-5 所示。

表 12-5　jieba 库的常用函数

函 数 名 称	说　明
jieba.cut(s)	精确模式，返回一个可迭代的数据类型
jieba.cut(s,cut_all=True)	全模式，输出文本 s 中所有可能的单词
jieba.cut_for_search(s)	搜索引擎模式，适合搜索引擎建立索引的分词结果
jieba.lcut(s)	精确模式，返回一个列表类型
jieba.lcut(s,cut_all=True)	全模式，返回一个列表类型
jieba.lcut_for_search(s)	搜索引擎模式，返回一个列表类型
jieba.add_word(w)	向分词词典中增加新词 w

（3）WordCloud 库是优秀的词云展示库，以词语为基本单位，通过图形可视化的方式，直观展示文本。WordCloud 库的常用函数如表 12-6 所示。

表 12-6　WordCloud 库的常用函数

函 数 名 称	说　明
w=wordcloud.WordCloud()	可以在创建词云对象的同时配置生成词云的参数
w.generate()	向 WordCloud 对象中加载 TXT 格式文本 >>> w.generate("Python and WordCloud")
w.to_file(filename)	将词云输出为图像文件，.png 或.jpg 格式 >>> w.to_file("cloud.png")

## 第 13 章

程序设计综合实验

13.1　实验目的与要求

（1）加强对程序控制结构的理解，能实现交互式输入和格式化输出。

（2）深化对字典、列表的应用，能根据问题需要选择合适的数据结构。

（3）体会函数参数传递的用法，能关注列表作为参数传递的特殊之处。

（4）巩固对文件操作的掌握，能控制文件输出格式和读写文本文件。

（5）突出对模块化编程思想的训练，能综合运用所学知识解决复杂问题。

13.2　知识要点

1．流程控制

流程控制有以下几种。

（1）if-elif 多分支结构。

（2）for 循环结构和 while 循环结构。

（3）提前退出循环的 break 关键字。

2．字符串操作

字符串操作有以下方法。

（1）字符串的 split()方法。

（2）用于格式化输出的 format()方法。

（3）字符串连接的 join()方法。

3．字典操作

字典操作包含如下几种。

（1）创建字典的 dict()函数。

（2）查询字典信息的方法有字典名[键名]形式、字典名.keys()方法、字典名.values()方法。

（3）修改字典值的方法为字典名[键名]=新值。

4．列表操作

列表操作方法如下。

（1）空列表的创建。

（2）新增元素的 append()方法。

（3）删除元素的 remove()方法。

（4）理解列表作为函数参数传递时的特殊性。如果函数中修改了列表的值，这种改变将被列表带到函数之外。

5. 文件操作

文件操作如下所述。

（1）文件打开的 open()函数、文件关闭的 close()函数。

（2）把列表内容写入文件的 writelines()方法。

🔑 13.3 实例验证

【**实例 13-1**】 本实验的目的是编写一个成绩单管理程序,并实现如下主要功能:

（1）当成绩单为空时,能从键盘接收学生成绩记录并录入成绩单。

（2）能实现对已有成绩单中学生记录的增加、删除、修改和查询。

（3）能把当前成绩单以文本文件保存起来,记录中的字段之间用制表符来分隔。

成绩单的格式如表 13-1 所示。

表 13-1 成绩单的格式

学　　号	姓　　名	成　　绩
101	赵明	86
102	钱进	90
103	孙亮	79
104	李强	65

解题指导:为降低编程难度,本实验基于模块化编程思想,采用渐进式实现的方案,每次编写一个函数实现特定的功能,并逐步扩充以达到上述功能要求。

整个程序的操作界面及运行效果如图 13-1 所示。

1. 选择数据结构

选择数据结构时首先考虑该如何在内存中存储上述成绩单,这就涉及数据结构的选择。如果从行的角度看,整个成绩单可以看成一个列表,每行的学生成绩记录就是该列表的一个元素;而学生成绩记录有 3 个字段,可以考虑用字典来存储字段信息,这样整个成绩单可以用如下形式的数据结构来表示:

[{"学号":"101","姓名":"赵明","成绩":"86"},{"学号":"102","姓名":"钱进","成绩":"90"}, ...]

思考:如果从列的角度看,整个成绩单如何表示? 请写出其表示形式。

2. 输入成绩数据

初始时,上述表示成绩单的字典列表是空的。下面的 add()函数可以从键盘输入一条学生的成绩记录,放入该字典列表后并打印输出,代码如下:

```
#实例 13-1_1 把键盘输入的学生成绩记录放入列表中,输出该列表
def add(score_form):
    name,tel,add = input("请输入新朋友的学号、姓名和成绩,并用空格隔开:").split()
    new_item = dict((("学号",name),("姓名",tel),("成绩",add)))
    score_form.append(new_item)
```

```
score_sheet = [ ]
add(score_sheet)
print(score_sheet)
```

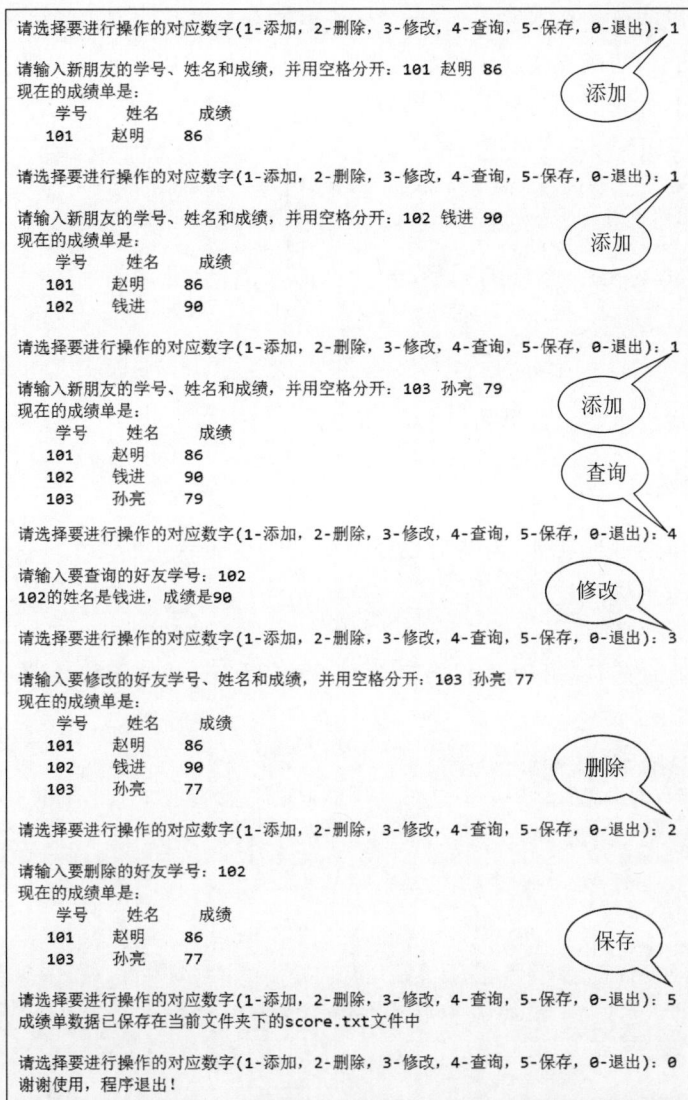

图 13-1　整个程序的操作界面及运行效果

运行上面这段代码,并把图 13-2 中线上标出的数据作为输入,则可以看到上述代码的运行效果,如图 13-2 所示。

图 13-2　上述代码的运行效果

思考 1:上述程序代码调用 add()函数时,实参和形参分别是什么?

思考 2:为什么 add()函数不需要 return 语句把修改后的 score_form 列表返回,就能修改函数外部的 score_sheet 列表呢?

思考 3：采用列表作为参数传递应注意哪些问题？

3. 格式化输出成绩数据

上面输出的成绩单效果不够直观，为了生成更符合人们认知习惯的成绩单，可以编写一个名为 show_form() 的函数实现成绩单的格式化输出，然后用此函数去替换上面代码最后一行的 print 语句，并查看运行结果，代码如下：

```python
#实例 13-1_2 格式化输出成绩单
    #show_form()函数的头部的形参 score_form 用来指向成绩单列表
    #注意,虽然目前成绩表只有一条记录,但要考虑有多条记录输出的情形
def show_form(score_form):
    print("现在的成绩单是:")
    print("{:>6}{:>6}{:>6}".format("学号","姓名","成绩"))
    for item in score_form:
        print("{:>6}{:>6}{:>6}".format(item["学号"],item["姓名"],item["成绩"]))
```

格式化后的成绩单输出效果如图 13-3 所示。

```
现在的成绩单是:
    学号    姓名    成绩
   101    赵明    86
```

图 13-3　格式化后的成绩单输出效果

4. 管理成绩数据

为实现成绩单的管理功能，需要对成绩单中的学生记录进行增加、删除、修改和查询操作。

（1）成绩记录的增加。前面的 add() 函数已经实现了此功能。

（2）成绩记录的查询。下面的代码定义了一个名为 qry() 的函数，允许按学号对成绩单记录查询，代码如下：

```python
#实例 13-1_3 按学号查询学生成绩记录
    #qry()函数的头部的形参 score_form 用来指向成绩单列表
    #注意,实现时要考虑在多条记录中查询以及查询不到的情形
def qry(score_form):
    name = input("请输入要查询的学生学号:")
    if score_form:
        for item in score_form:
            if name in item.values():
                print("{}的姓名是{},成绩是{}".format(item["学号"],item["姓名"],item
["成绩"]))
                break
        else:
            print ("成绩表中无此学生,无法查询!")
    else:
        print("成绩表中无此学生,无法查询!")
    #下面的代码两次调用 qry()函数,分别查询 101 和 103 的学生成绩
qry(score_sheet)
qry(score_sheet)
```

先把这个 qry() 函数放在前面的代码之后，再运行组合后的程序。按学号进行成绩查询的运行效果如图 13-4 所示。

（3）成绩单记录的修改和删除。这两种管理操作将作为实验任务放到后面，交给学生们自己去编写。

请输入要查询的学生学号：101
101的姓名是赵明，成绩是86

请输入要查询的学生学号：103
成绩表中无此好友，无法查询！

图 13-4 按学号进行成绩查询的运行效果

5. 保存成绩数据

可以考虑使用文本文件保存当前成绩单中的学生记录，这样可以避免每次运行程序时都重新从键盘录入。下面的代码编写了一个名为 save() 的函数，把成绩单数据保存在一个名为 score.txt 的文本文件中，并且文件中同一条记录的字段之间使用制表符('\t')分隔，代码如下：

```
＃实例 13-1_4 把字典列表中的成绩单数据保存到磁盘文件中
    ＃save() 函数的形参 fname 表示要存储的文件名
def save(score_form,fname):
    f = open(fname, 'w')
    lines = []
    head = '\t'. join(list(score_form[0].keys())) + '\n'
    lines. append(head)
    for i in range(len(score_form)):
        row = '\t'. join(list(score_form[i].values())) + '\n'
        lines. append(row)
    f.writelines(lines)
    f.close()
    print('成绩单数据已保存在当前文件夹下的'+ fname + '文件中')
save(score_sheet, 'score.txt')
```

上述代码需要放在已有的 add() 函数后面。成绩单保存为文本文件的运行效果如图 13-5 所示。

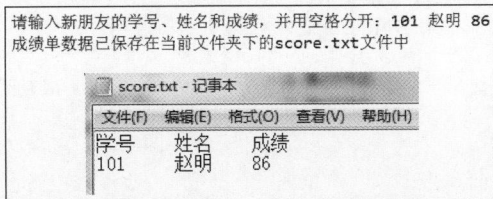

图 13-5 成绩单保存为文本文件的运行效果

🔑 13.4 实验任务

1. 编程

【编程 13-1】 请编写一个 upd() 函数实现成绩记录的修改。要求先按学号或姓名查询到要修改的记录，修改后再调用已编写好的 show_form() 函数重新输出修改后的成绩单。修改成绩记录的运行效果如图 13-6 所示。

为满足上述任务的要求，请对下面代码加以完善，实现 upd() 函数的定义与调用：

```
请输入要修改的学生学号、姓名和成绩，并用空格分开：101 赵明 96
现在的成绩单是：
    学号      姓名      成绩
    101       赵明       96

请输入要修改的学生学号、姓名和成绩，并用空格分开：103 王涛 79
成绩表中无此好友，无法修改！
```

图 13-6   修改成绩记录的运行效果

```
♯bc13 - 1.py
    ♯定义并调用 upd()函数实现学生成绩记录的修改
    ♯注意，函数体要考虑存在多条记录以及修改不成功的情形
def upd(score_form):
    ♯若修改成功应按图 13-6 的运行效果编写函数体，若修改不成功应给出相应提示
```

【编程 13-2】 请编写一个 rmv()函数实现成绩记录的删除。要求先按学号查询到要删除的成绩记录，删除后再调用 show_form()函数重新输出删除后的成绩单。删除成绩记录时的运行效果如图 13-7 所示。

```
请输入新朋友的学号、姓名和成绩，并用空格分开：101 赵明 86

请输入新朋友的学号、姓名和成绩，并用空格分开：102 钱进 90

请输入要删除的学生学号：102
现在的成绩单是：
    学号      姓名      成绩
    101       赵明       86

请输入要删除的学生学号：101
现在的成绩单是：
    学号      姓名      成绩
```

图 13-7   删除成绩记录时的运行效果

为满足上述任务的要求，请对下面代码加以完善，实现 rmv()函数的定义与调用。

```
♯bc13 - 2.py
    ♯定义并调用 rmv()函数实现学生成绩记录的删除
    ♯注意，函数体要考虑存在多条记录以及删除不成功的情形
    def rmv(score_form):
    ♯若删除成功应按图 13-7 的运行结果编写函数体，若删除不成功也应给出相应提示
```

2. 程序填空

上述基本功能实现后，还需要一个清晰、友好的用户界面整合已实现的各项功能。为此可以考虑使用菜单进行统一组织，而把每个功能作为一个菜单项。为了允许用户多次操作，可以利用循环和分支结构提供更好的操作控制。

【填空 13-1】 实现统一的用户界面。请在下面 main()函数的相应位置处填写代码，通过用户界面实现对上面各函数的统一调用，整个程序的用户界面及运行效果，如图 13-1 所示。请在如下代码中填空。

```
♯tk13 - 1.py
    ♯基于菜单实现用户界面，对各项功能统一调用
    main():
        score_sheet = []         ♯作为字典列表使用，用于存储成绩单数据
        filename = 'score.txt'   ♯保存成绩单的文本文件名
```

```
    while True:
        n = _____(input("请选择要进行操作的对应数字(1 - 添加,2 - 删除,3 - 修改,
4 - 查询,5 - 保存,0 - 退出):"))
        if n == 1:
            add(score_sheet)
            show_form(score_sheet)
        elif n == 2:
            _____
            show_form(score_sheet)
        elif n == 3:
            upd(_____)
            show_form(score_sheet)
        elif n == 4:
            qry(score_sheet)
        elif n == 5:
            save(score_sheet,filename)
        _____:
            print("谢谢使用,程序退出!")
            _____
```

🔑 13.5　难点分析

1. 列表作为参数传递时的注意事项

在 Python 中,当将一个对象作为参数传递给函数时,实际上是传递了该对象的引用,而不是对象的副本。这意味着在函数内部对参数的修改会影响到原始对象,如下面代码所示:

```
def modify_list(my_list):
    my_list.append(4)
my_list = [1, 2, 3]
modify_list(my_list)
print(my_list)  # 输出:[1, 2, 3, 4]
```

2. 循环中的 else 子句

else 子句只在有 break 语句出现在循环体的情况下才有意义,用于当循环正常退出时的处理,而当经由 break 提前退出时则不会执行 else 子句。

使用 else 子句可以简化退出循环后的条件判断和处理,它在 for 循环和 while 循环中都可以应用。

## 第 14 章

科学计算与可视化库

14.1　实验目的与要求

（1）熟悉科学计算库 NumPy 的基本用法。学习 NumPy 创建数组的常用函数，掌握数组索引与切片的常见用法，理解 NumPy 的广播机制，熟悉通用函数和常用统计函数的使用。

（2）掌握数据可视化库 Matplotlib 绘制常见图形的方法。理解 Matplotlib 库绘图的基本流程，掌握折线图、柱状图、饼图等常见图形的绘制方法。

（3）能应用 NumPy 和 Matplotlib 库进行简单的数据分析与可视化。针对具体问题，选择 NumPy 和 Matplotlib 中的合适工具完成基本的数据分析与可视化。

14.2　知识要点

1. NumPy 数组创建的相关函数

NumPy 数组创建的相关函数包括 np. array（）、np. arange（）、np. linspace（）、np. random. random（）和 np. random. randint（）等几个常用函数。

2. NumPy 数组的重要属性

NumPy 数组的 shape 属性可以返回或设置数组形状；NumPy 数组的 ndim 属性用于返回数组维数；而 NumPy 数组的 size 属性则返回数组元素个数。

3. NumPy 数组的索引和切片

NumPy 数组的索引用于获取数组的单个元素，而切片则用于获取子数组（可能包含 0 或多个元素）。

4. 通用函数

通用函数是一种能对数组中的所有元素进行相同操作的函数，而通用函数的广播机制则适用于形状不同但兼容的数组间运算。

5. 布尔数组与花式索引

布尔数组用于检索满足条件的数组元素，花式索引（fancy indexing）常用于检索数组中不连续的多行或多列。

6. Matplotlib 可视化

Matplotlib 绘图的基本流程包括准备数据、设定参数和绘制图形，重点掌握使用 plot（）函数绘制折线图、bar（）函数绘制柱状图以及 pie（）函数绘制饼图的基本方法。

🔑 14.3　实例验证

【**实例 14-1**】　NumPy 创建一维数组和二维数组的常用方法,包括使用 array()函数从列表创建数组,使用 arange()函数和 linspace()函数创建等差数列构成的数组等,代码如下:

```
#实例 14-1 NumPy 创建一维数组和二维数组的常用方法示例
import numpy as np
a1 = np.array([1,2,3,4])            #从列表创建 Ndarray 数组对象
print("数组 a1 的元素:",a1)
a2 = np.arange(1,10,2)              #类似于 Python 的 range()函数
print("数组 a2 的元素:",a2)          #元素类型是 int32
a3 = np.linspace(0,100,6)          #注意,连同首尾共 6 个端点及 5 个区间
print("数组 a3 的元素:",a3)          #元素类型是 float64
lst = [[1,2,3],[4,5,6],[7,8,9]]
b1 = np.array(lst)
print("数组 b1 的元素:\n",b1)
print("数组 b1 的维数:",b1.ndim)
print("数组 b1 的形状:",b1.shape)
print("数组 b1 的元素个数:",b1.size)
```

实例 14-1 程序代码的运行结果如图 14-1 所示。

```
数组 a1 的元素:[1 2 3 4]
数组 a2 的元素:[1 3 5 7 9]
数组 a3 的元素:[  0.  20.  40.  60.  80. 100.]
数组 b1 的元素:
 [[1 2 3]
 [4 5 6]
 [7 8 9]]
数组 b1 的维数:2
数组 b1 的形状:(3, 3)
数组 b1 的元素个数:9
```

图 14-1　实例 14-1 程序代码的运行结果

说明: linspace()和 logspace()函数的三个参数分别为初值、终值和步长,默认包含终值,这与 arrange()函数不同。

【**实例 14-2**】　NumPy 通过 random 模块创建随机数组,包括使用 random()函数创建[0,1)范围内的随机小数数组,使用 randint()函数创建给定范围内的随机整数数组,代码如下:

```
#实例 14-2 NumPy 通过 random 模块创建随机数组的常见方法示例
np.random.seed(666)                #设定随机数种子,这样每次运行的数据都相同
c1 = np.random.random(3)
print("[0,1)范围内的一维随机小数数组:",c1)
c2 = np.random.random((2,3))        #此处要用元组作参数
print("[0,1)范围内的二维随机小数数组:\n",c2)
c3 = np.random.randint(1,100,6)
```

```
print("[1,100)范围内的一维随机整数数组:",c3)
c4 = np.random.randint(1,100,(2,3))
print("[1,100)范围内的二维随机整数数组:\n",c4)
```

实例 14-2 程序代码的运行结果如图 14-2 所示。

```
[0,1)范围内的一维随机小数数组:[ 0.70043712   0.84418664   0.67651434]
[0,1)范围内的二维随机小数数组:
 [[ 0.72785806   0.95145796   0.0127032 ]
 [ 0.4135877    0.04881279   0.09992856]]
[1,100)范围内的一维随机整数数组:[64 17 47 40 70 83]
[1,100)范围内的二维随机整数数组:
 [[77 80 14]
 [70 21 12]]
```

图 14-2　实例 14-2 程序代码的运行结果

说明:涉及随机数的生成区间时,均是左闭右开区间。

【实例 14-3】　数组索引的基本用法示例。数组索引也称为数组下标,用于对单个数组元素进行访问。同 Python 中的列表一样,也允许正向索引和反向索引。注意,索引越界访问则会报错,代码如下:

```
#实例 14-3 数组索引的基本用法示例
#一维数组的索引与 Python 列表的索引用法相同
m = np.array([23,79,16,5,32])
print("m = ",m)
print('m[1] = ',m[1],'\t','m[-3] = ',m[-3])
#多维数组中,各维度的索引之间用逗号分隔
n = np.array([[1,2,3,],[11,22,33],[111,222,333],[1111,2222,3333]])
print("n = ",n)
print("n[1,2] = ",n[1,2],'\t',"n[-1,-2] = ",n[-1,-2])
```

实例 14-3 程序代码的运行结果如图 14-3 所示。

```
m = [23 79 16  5 32]
m[1] = 79     m[-3] = 16
n = [[   1    2    3]
 [  11   22   33]
 [ 111  222  333]
 [1111 2222 3333]]
n[1,2] = 33     n[-1,-2] = 2222
```

图 14-3　实例 14-3 程序代码的运行结果

【实例 14-4】　数组切片的用法示例。数组切片用于获取子数组,与 Python 列表的切片用法相同,数组切片也由初值、终值和步长三部分构成,并且相互间用分号(:)分开。注意,切片越界访问并不会报错,代码如下:

```
#实例 14-4 数组切片的用法示例
#一维数组的切片与 Python 列表的切片用法相同
print("m = ",m)
print("m[::-1] = ",m[::-1])              #逆序
print("m[1:-1:2] = ",m[1:-1:2])          #从第 2 个开始、隔一个取一个、一直取到倒数第二个
#二维数组允许在每个维度上使用切片,相互间用逗号分隔
```

```
print("n = ",n)
print("n[1:,2:4] = ",n[1:,2:4])          ♯行:第2行到最后一行,列:第3、4列
print("n[:,-1]用于取最后一列:",n[:,-1])   ♯单个冒号:出现在行的位置上,表示所有行
```

实例 14-4 程序代码的运行结果如图 14-4 所示。

```
m = [23 79 16  5 32]
m[::-1] = [32  5 16 79 23]
m[1:-1:2] = [79  5]
n = [[   1    2    3]
 [  11   22   33]
 [ 111  222  333]
 [1111 2222 3333]]
n[1:,2:4] = [[  33]
 [ 333]
 [3333]]
n[:,-1]用于取最后一列: [   3   33  333 3333]
```

图 14-4　实例 14-4 程序代码的运行结果

【实例 14-5】　通用函数运算示例。通用函数(universal function)是一种能对数组中的所有元素进行相同操作的函数,它支持对数组实施向量化操作,可以在一定程度上替代循环,从而提高了计算效率,并方便程序编写,代码如下:

```
♯实例 14-5 通用函数运算示例
s = np.arange(2,10,2)
print("s = ",s)
t = np.arange(1,5)
print("t = ",t)
print("s+t = ",s+t)              ♯逐元素相加
print("s/t = ",s/t)              ♯逐元素相除
print("2**s = ",2**s)            ♯逐元素求以2为底数的幂
print("|s-3t| = ",np.abs(s-3*t)) ♯逐元素求绝对值
print("s+2 = ",s+2)              ♯最后三条语句都用到了通用函数的广播机制
```

实例 14-5 程序代码的运行结果如图 14-5 所示。

```
s = [2 4 6 8]
t = [1 2 3 4]
s+t = [ 3  6  9 12]
s/t = [2. 2. 2. 2.]
2**s = [  4  16  64 256]
|s-3t| = [1 2 3 4]
s+2 = [ 4  6  8 10]
```

图 14-5　实例 14-5 程序代码的运行结果

通用函数的广播机制也适用于形状不同但兼容的数组之间进行运算。例如在图 14-6 中,a 是 4 行 3 列的二维数组,而与它运算的 b 却是只有 3 个元素的一维数组,通过广播机制可以把 b 数组自动扩展成与 a 相同的形状,这样两个数组就可以逐元素进行计算了。

【实例 14-6】　布尔数组用于索引示例。布尔数组是指其全部元素都是布尔值 True 或 False 的数组,例如下面例子中的 x1 就是一个布尔数组。而把布尔数组作为某一个数组的索引,则可以用于筛选满足条件的元素。例如,下面例子中的语句①就是把 y%3==0 得到

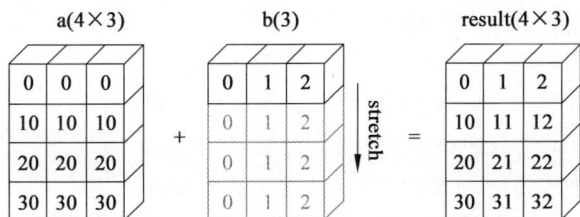

图 14-6　通用函数的广播机制允许数组自动对齐

的布尔数组作为了数组 y 的索引,从而可以找出数组 y 中所有能整除 3 的元素,代码如下:

```
#实例 14-6 布尔数组用于索引示例
x = np.arange(5)
x1 = x<=2
print(x1)          #可以直接看到数组元素的类型是 bool
y = np.arange(15).reshape((3,5))
print(y)
z = y[y%3==0]  #①
print("数组 y 中 3 的倍数构成的新数组 z = ",z)
```

实例 14-6 程序代码的运行结果如图 14-7 所示。

```
array([ True,  True,  True, False, False])
[[ 0  1  2  3  4]
 [ 5  6  7  8  9]
 [10 11 12 13 14]]
数组 y 中 3 的倍数构成的新数组 z = [ 0  3  6  9 12]
```

图 14-7　实例 14-6 程序代码的运行结果

【实例 14-7】　花式索引示例。花式索引允许用一个索引数组作为另一个数组的索引
以获取子集元素。例如,下面程序中的 idx 就是一个索引数组,而代码①处的 z[idx]就属于
花式索引的用法。利用花式索引,结果子集的形状与索引数组的形状一致,而不是与被索引
数组的形状一致,代码如下:

```
#实例 14-7 花式索引示例
np.random.seed(666)     #设定随机数种子,这样每次运行的数据都相同
z = np.random.randint(1,100,12).reshape((3,4))
print("二维随机整数数组 z = :",z)
#索引数组的第 1 维表示行,第 2 维表示列
idx = [2,[1,3]]          #2 表示要获取第 3 行,[1,3]表示要获取第 2、4 列
print("索引数组 idx = ",idx)
print("用 idx 作索引检索数组 z 得到的子集 z[idx] = ",z[idx])  ①
```

实例 14-7 程序代码的运行结果如图 14-8 所示。

```
二维随机整数数组 z = : [[ 3 46 31 63]
[71 74 31 37]
[62 92 95 52]]
索引数组 idx = [2, [1, 3]]
用 idx 作索引检索数组 z 得到的子集 z[idx] = [92 52]
```

图 14-8　实例 14-7 程序代码的运行结果

【**实例 14-8**】   常用统计函数示例。NumPy 的统计函数有多个,常用的包括 sum(求和)、mean(求均值)、max(求最大值)、min(求最小值)、argmax(求出最大值对应的数组下标)等。函数调用形式也有两种,一种是以变量名为前缀(如下面代码中的①处),另一种是以 np 为前缀(如下面代码中的②处),而把变量名作为调用函数的实参。对于二维数组,参数 axis 给出了进行数据统计的方向是水平方向还是垂直方向。参数 axis 的取值含义,如图 14-9 所示。

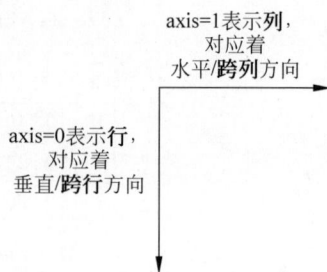

axis=1表示**列**,
对应着
水平/跨列方向

axis=0表示**行**,
对应着
垂直/跨行方向

图 14-9   参数 axis 的含义说明

常用统计函数的示例代码如下:

```
#实例 14-8 常用统计函数示例
np.random.seed(666)
z = np.random.randint(1,100,12).reshape((3,4))
print("二维随机整数数组 z = ",z)
#计算元素的和
print("z 的全部元素之和:",z.sum())                    #①,等价于 np.sum(z)
print("z 的列元素之和:",z.sum(axis = 0))             #等价于 np.sum(z,axis = 0)
print("z 的行元素之和:", np.sum(z,axis = 1))         #②,等价于 z.sum(axis = 1)
#找出数组的最大值和它们各自所在的索引
print("z 的最大值:",z.max())
print("z 的最大值所在的索引:",z.argmax())
print("z 的每行最大值:",z.max(axis = 1))
print("z 的每行最大值所在的索引:",z.argmax(axis = 1))
#统计满足条件的元素个数
print("z 大于 90 的元素个数:",np.sum((z>90)))        #统计大于 90 的元素个数
#统计介于 60 到 80 之间的元素个数
print("z 介于 60 到 80 之间的元素个数:",np.sum((z>= 60) & (z<= 80)))
```

实例 14-8 程序代码的运行结果如图 14-10 所示。

```
二维随机整数数组 z = [[ 3 46 31 63]
[71 74 31 37]
[62 92 95 52]]
z 的全部元素之和: 657
z 的列元素之和: [136 212 157 152]
z 的行元素之和: [143 213 301] z 的最大值: 95
z 的最大值所在的索引: 10
z 的每行最大值: [63 74 95]
z 的每行最大值所在的索引: [3 1 2]
z 大于 90 的元素个数: 2
z 介于 60 到 80 之间的元素个数: 4
```

图 14-10   实例 14-8 程序代码的运行结果

说明:

(1) reshape()函数不会改变原数组对象,而是创建一个符合形状要求的新数组。

(2) 用于 NumPy 对象的逻辑运算符是 &(逻辑与)、|(逻辑或)、^(逻辑非),这与 Python 中使用的 and、or、not 不同。

(3) 统计元素个数时尽量使用 np.sum 而非 Python 的 sum()函数,统计的依据是 NumPy 对象进行关系运算后得到布尔数组,其中的 False 被解释为 0,而 True 会被解释为

1；逻辑运算符两侧的表达式要加括号。

【实例 14-9】　数组排序示例。使用 sort() 函数可以按行或列的方向对数组元素进行排序，默认是按行升序排列，但通过设置 axis 参数等于 0，也可以按列排序。argsort() 函数可以返回排序后各元素在数组中的原索引，代码如下：

```
#实例 14-9 数组排序示例
#默认按升序
print("排序前数组 z = ",z)
#默认的排序规则是：①按升序②按行(跨列)排序,相当于 axis = 1
print("按行排序的结果:",np.sort(z))
#如果要按列(跨行)排序,需要使用 axis = 0 参数
print("按列排序结果的原索引:",np.argsort(z,axis = 0))
#二维数组拉成一维后再排序,默认按行拉伸
r = z.flatten()
print("z 按行拉成的一维数组 r = ",r)
print("拉伸后的数组 r 的排序结果:",np.sort(r))
#逆序
print("通过切片实现降序排列:",np.sort(r)[::-1])
print("通过 argsort()函数实现降序排列:",r[np.argsort(-r)])
```

实例 14-9 程序代码的运行结果如图 14-11 所示。

```
排序前数组 z = [[ 3 46 31 63]
 [71 74 31 37]
 [62 92 95 52]]
按行排序的结果：[[ 3 31 46 63]
 [31 37 71 74]
 [52 62 92 95]]
按列排序结果的原索引：[[0 0 0 1]
 [2 1 1 2]
 [1 2 2 0]]
z 按行拉成的一维数组 r = [ 3 46 31 63 71 74 31 37 62 92 95 52]
拉伸后的数组 r 的排序结果：[ 3 31 31 37 46 52 62 63 71 74 92 95]
通过切片实现降序排列：[95 92 74 71 63 62 52 46 37 31 31  3]
通过 argsort()函数实现降序排列：[95 92 74 71 63 62 52 46 37 31 31  3]
```

图 14-11　实例 14-9 程序代码的运行结果

说明：

（1）np. argsort(−r)括号内的负号表示降序排序，去掉负号就是升序排序。

（2）np. sort(r)与 r. sort()排序是有区别的，前者不会改变数组，而会产生一个新数组存放排序结果，后者却会直接改变原数组的元素顺序。

【实例 14-10】　使用 Matplotlib 绘制简单的折线图示例。折线图常用于反映变化趋势。绘图时，首先需要产生若干数据点的横纵坐标，然后以这些坐标为参数调用 plot() 函数绘制折线图，最后调用 show() 函数显示绘制结果，代码如下：

```
#实例 14-10 使用 Matplotlib 绘制最简单的图形示例
% matplotlib inline          #在 Jupyter Notebook 中运行时需要加上下面这条魔法命令
import numpy as np
import matplotlib.pyplot as plt
x = np.linspace(-2, 2, 20)  #产生 20 个坐标点的横坐标
```

```
y = x ** 2              #产生 20 个坐标点的纵坐标
plt.plot(x, y)          #绘制图形,默认不突出显示坐标点,坐标点之间用蓝色实线连接
plt.show()              #调用 show()函数才真正显示图形
```

实例 14-10 程序代码的运行结果如图 14-12 所示。

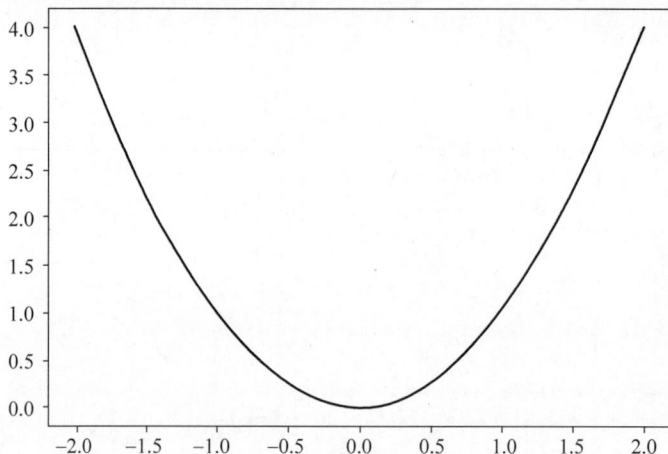

图 14-12　实例 14-10 程序代码的运行结果

【实例 14-11】 Matplotlib 同时绘制多个图形示例。通过设定不同的绘图参数,可以在同一绘图区域内显示多个不同的图形。例如图 14-13 同时绘制出了 $[0,2\pi]$ 周期的正弦和余弦曲线,代码如下:

```
#实例 14-11 Matplotlib 同时绘制多个图形示例
x = np.linspace(0,2 * np.pi,13)                      #数据点以 pi/6(30 度)作为分隔间距
y1 = np.sin(x)
y2 = np.cos(x)
plt.plot(x,y1,marker = '^',color = 'r',label = "sin(x)")   #第 1 条曲线,默认线型是实线
#引入 label 参数是为了和 plt.legend()配合实现图例显示
plt.plot(x,y2,marker = 'o',color = 'g',linestyle = '-.',label = "cos(x)")  #第 2 条曲线修改设置样式
plt.xlim(0,2 * np.pi)                                #设定 x 轴的取值范围
plt.ylim( - 1,1)
plt.xlabel("x")                                      #设定 x 轴的标签
plt.ylabel("y")
plt.title("y = sin(x)/cos(x)")
#下一句设置 x 轴刻度的标签,其中 x[::3]的 3 表示经过 3 个数据点加一个标签
#"$\pi/2$"属于 LaTeX 表示法
plt.xticks(x[::3],["0",r"$\pi/2$",r"$\pi$",r"$3\pi/2$",r"$2\pi$"],color = 'b')
plt.grid(axis = 'x',ls = '-- ')                      #设置 x 轴的网格线
plt.legend()                                         #产生图例
plt.show()
```

实例 14-11 程序代码的运行结果如图 14-13 所示。

【实例 14-12】 Matplotlib 绘制柱状图示例。柱状图常用于比较值的大小。使用 bar()函数可以绘制柱状图,而设置每个柱的垂直中线坐标和柱高度则是绘图的关键,代码如下:

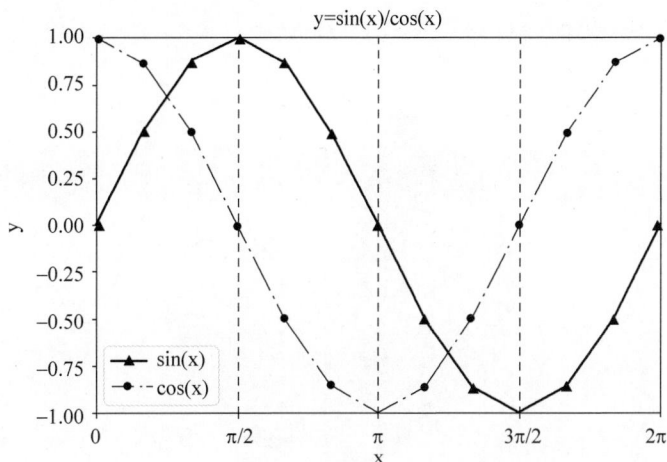

图 14-13　实例 14-11 程序代码的运行结果

```
♯实例 14－12 Matplotlib 绘制柱状图示例
position = np.arange(5)              ♯确定每个柱的垂直中线位置,相当于 x 轴坐标
data = [2,10,4,8,6]                  ♯确定每个柱的高度,相当于 y 轴坐标
plt.bar(position,data)
for x, y in zip(position, data):♯显示数据标签
    plt.text(x, y, '{}'.format(y), ha = 'center', va = 'bottom',fontsize = 11,color = 'r')
plt.show()
```

实例 14-12 程序代码的运行结果如图 14-14 所示。

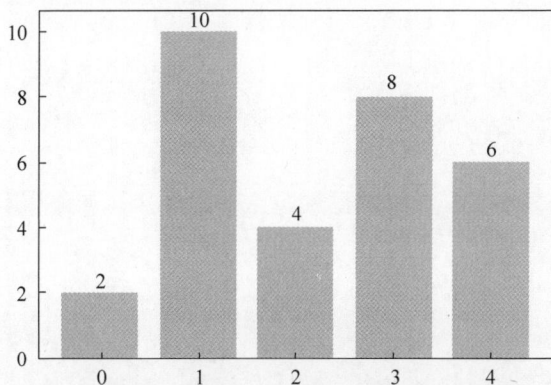

图 14-14　实例 14-12 程序代码的运行结果

【实例 14-13】　Matplotlib 绘制饼图示例。饼图通常用于展示整体的构成情况,使用 pie()函数绘制饼图前,需要先确定代表各部分占比大小的数字,然后再设置必要的参数(如颜色)美化饼图的输出效果,代码如下:

```
♯实例 14－13 Matplotlib 绘制饼图示例
x = [2,4,6,8]                  ♯代表各部分的大小
labels = ['a','b','c','d']     ♯各部分的标签
colors = ['r','y','b','g']     ♯各部分的颜色
explode = (0,0.1,0,0)          ♯explode 用于突出显示特定的部分
plt.pie(x,explode = explode,labels = labels,colors = colors,autopct = '% 1.1f % %')
plt.axis("equal")              ♯使饼图两个轴的单位长度相等,从而使得饼图接近圆形
plt.show()
```

实例 14-13 程序代码的运行结果如图 14-15 所示。

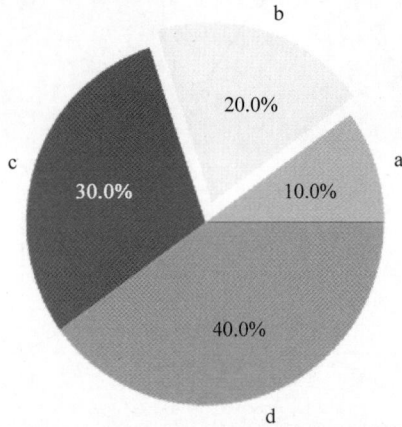

图 14-15　实例 14-13 程序代码的运行结果

🔑 14.4　实验任务

1．程序填空

【**填空 14-1**】　按下面代码中的注释要求，并参考图 14-16 所示的程序运行结果，请在如下代码中填空。

```python
#tk14-1.py
import numpy as np
#从列表[[12,5,2,4],[7,6,8,8],[1,6,7,7]]创建数组 a
a = ①
#输出数组 a 的形状：
print( ② )
#输出数组 a 的前两行元素(提示：使用切片或花式索引)：
print( ③ )
#输出数组 a 的第 1、3 列元素(提示：使用切片或花式索引)：
print( ④ )
#把数组 a 的行按逆序排列并输出(提示：使用切片)：
print( ⑤ )
#输出数组 a 的第 2 行上的倒数第 1 个和倒数第 3 个元素(提示：使用花式索引)：
print( ⑥ )
#输出数组 a 中所有大于 7 的元素(提示：使用布尔数组)：
print( ⑦ )
#按列求数组 a 的元素均值并输出：
print( ⑧ )
#输出数组 a 的最大元素的索引：
print( ⑨ )
#将数组 a 的所有元素修改为原来的两倍：
     ⑩
print("元素两倍后的 a:",a)
```

填空 14-1 程序代码完善后期望的运行结果如图 14-16 所示。

```
数组 a 的形状: (3, 4)
a 的前两行元素: [[12  5  2  4]
 [ 7  6  8  8]]
a 的第 1、3 列元素: [[12  2]
 [ 7  8]
 [ 1  7]]
a 的行按逆序排列的结果: [[ 1  6  7  7]
 [ 7  6  8  8]
 [12  5  2  4]]
a 第 2 行上的倒数第 1 个和倒数第 3 个元素: [8 6]
a 中所有大于 7 的元素: [12  8  8]
a 的元素按列均值: [ 6.66666667  5.66666667  5.66666667  6.33333333]
a 的最大元素的索引: 0
元素两倍后的 a: [[24 10  4  8]
 [14 12 16 16]
 [ 2 12 14 14]]
```

图 14-16　填空 14-1 程序代码完善后期望的运行结果

【填空 14-2】　根据图 14-17 的运行结果及程序注释,请在如下代码中填空。

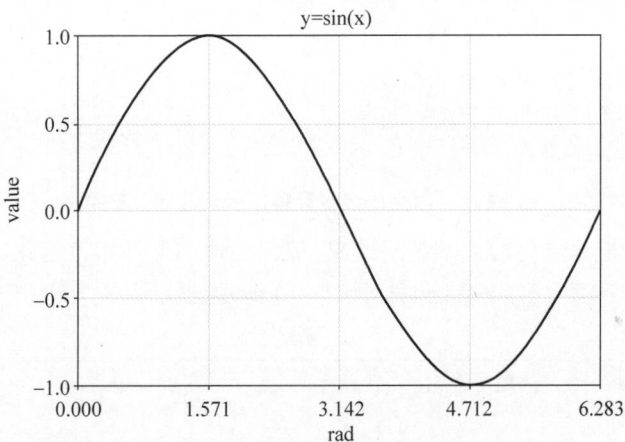

图 14-17　填空 14-2 程序代码完善后期望的运行结果

```
# tk14 - 2. py
rad = np. arange(0, np. pi * 2, 0.01)
____ ("y = sin(x)", fontsize = 12)              # 设定图表标题
plt. xlabel("____", fontsize = 12)              # 设定 x 轴标题
plt. ylabel("value ", fontsize = 12)            # 设定 y 轴标题
plt. xlim((0, np. pi * 2))                       # 设定 x 轴的取值范围
plt. ylim(____)                                 # 设定 y 轴的取值范围
plt. xticks([0, np. pi/2, np. pi, np. pi * 3/2, np. pi * 2])  # 设定 x 轴刻度标签
plt. ____                                       # 设定 y 轴刻度标签
plt. ____                                       # 设定显示网格线
plt. ____                                       # 绘制图中曲线
plt. show()
```

2. 编程

【编程 14-1】　按下列要求进行学生成绩统计。

（1）请为学号为"S1"～"S10"的 10 名学生随机生成语文、数学和英语三门课的成绩，成绩范围要求为 40～100。

（2）计算每名学生的总分，按总分由高到低对学号排序输出。

（3）统计三门课的最高分以及各分数段（优、良、中、及、不及）的人数。

解题指导：尽量利用 NumPy 数组的向量化操作以提高运算和编程效率。统计各段人数时可以考虑定义一个辅助函数，但更简单的方法是使用 np. histogram 直方图统计函数，请自学 . histogram() 函数的用法。

学生成绩统计程序运行的期望结果如图 14-18 所示。

```
为 10 名学生生成的学号：['S1', 'S2', 'S3', 'S4', 'S5', 'S6', 'S7', 'S8', 'S9', 'S10']
10 名学生的语文成绩：[ 66  85  87  62  91  79  86  97 100  85]
10 名学生的数学成绩：[57 56 69 52 72 97 43 56 78 66]
10 名学生的英语成绩：[59 66 58 86 70 99 92 41 79 42]
10 名学生的总分：[182 207 214 200 233 275 221 194 257 193]
总分排名情况：
S6  S9  S5  S7  S3  S2  S4  S8  S10  S1
************************
语文最高分：100
数学最高分：97
英语最高分：99
语文各分数段人数：[3, 4, 1, 2, 0]
数学各分数段人数：[1, 0, 2, 2, 5]
英语各分数段人数：[2, 1, 2, 1, 4]
```

图 14-18   学生成绩统计程序运行的期望结果

【编程 14-2】   根据上题的成绩统计结果，编程完成如下数据可视化操作。

（1）为 10 名学生的语文成绩绘制如图 14-19 所示的柱形图。

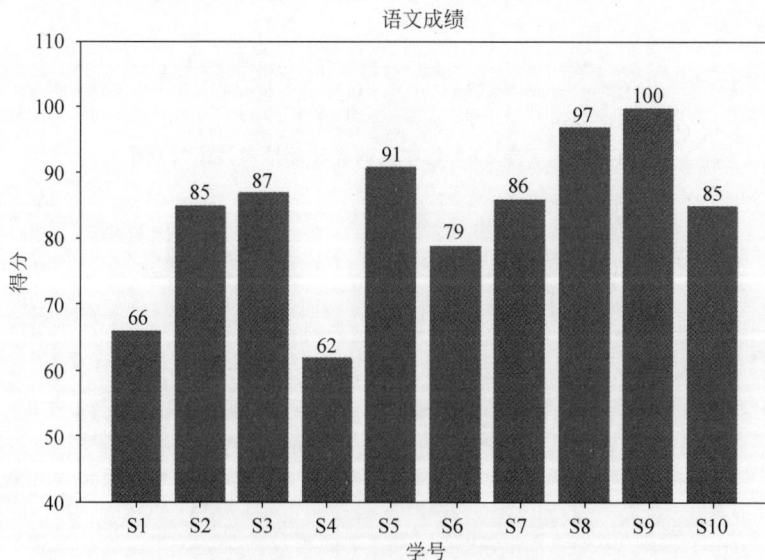

图 14-19   学生语文成绩柱形图

（2）为统计出来的语文各分数段人数建立一个如图 14-20 所示的饼图。

语文各分数段人数统计

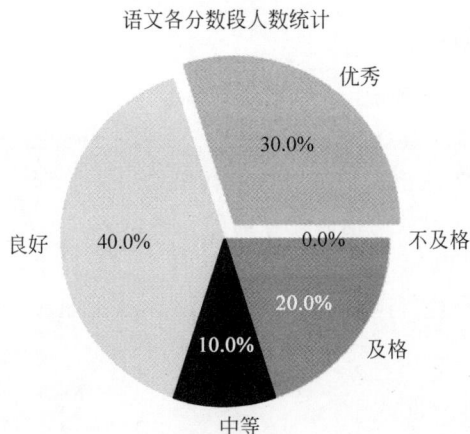

图 14-20　学生语文各分数段人数统计饼图

🔑 14.5　难点分析

1. NumPy 数组索引的基本用法

（1）索引的一般形式：n[index]。

（2）当索引值 index>=0 时，表示正向索引，即从左到右检索元素（左边第 1 个元素的索引值是 0，从左到右索引值逐一增大），例如 n[3]表示正向检索数组 n 的第 4 个元素。

（3）当索引值 index<0 时，表示反向索引，即从右到左检索元素（右边第 1 个元素的索引值是-1，从右到左索引值逐一减小），例如 n[-3]表示反向检索数组 n 的倒数第 3 个元素。

2. NumPy 数组切片的基本用法

（1）一般形式：n[初值:终值:步长]，包含初值但不包含终值；如果步长为正，表示正向检索（从左到右）；反之步长为负表示反向检索（从右到左）。

（2）特殊形式：初值省略，表示初值为 0（正向检索）或-1（反向检索）；终值省略，表示沿着前进方向一直到最后；步长省略，表示步长为 1。

（3）特别地，n[::]表示正向检索数组 n 的所有元素，n[::-1]表示反向检索数组 n 的所有元素。

3. 布尔数组与花式索引的基本用法

（1）布尔数组用于检索满足条件的数组元素，其一般形式：n[条件表达式]。

（2）花式索引的本质是将需要检索的行（或列）的索引组织成一个索引数组，并用该索引数组作为索引去检索特定的数组，其一般形式为 n[idx]，其中 idx=[[多个行索引],[多个列索引]]。

4．常用统计和排序函数

常用统计和排序函数如下所示。

（1）sum()函数为求和；mean()函数为求均值；max()函数为求最大值；min()函数为求最小值；argmax()函数为求出最大值对应的数组索引或下标；sort()函数为升序排列数组同一行的元素；argsort()函数为返回排序前的元素索引。

（2）对于二维数组，可以用 axis 参数指定统计方向：axis＝0 表示垂直统计（按列统计），axis＝1 表示水平统计（按行统计）。例如 np.sum(n，axis＝1)表示计算数组 n 每行的和。

第 **15** 章

网络爬虫

CHAPTER **15**

15.1 实验目的与要求

(1) 理解爬虫抓取网页数据的一般处理过程。

爬虫抓取网页数据的一般处理过程包括分析网页、获取网页、提取信息和保存结果等主要步骤。

(2) 熟悉使用 Chrome 浏览器的工具分析网页数据的基本操作步骤。

能利用开发者工具分析静态网页的布局与相应 HTML 元素间的对应关系,为提取网页内容做好必要的准备。

(3) 掌握使用 Requests 库获取静态网页的基本方法。

学习使用 Requests 库发起网络请求和接收服务器端响应的常见编程模式,包括请求头的设置、请求的发起、响应的编码与内容获取。

(4) 掌握 Beautiful Soup 提取静态网页信息的主要技术。

学习 Beautiful Soup 库的基本语法,能应用 CSS 选择器来定位 HTML 文档中的特定节点,进而提取出想要的信息。

15.2 知识要点

1. 网络爬虫的一般处理过程

网络爬虫的一般处理过程及常用的 Python 库,如图 15-1 所示。

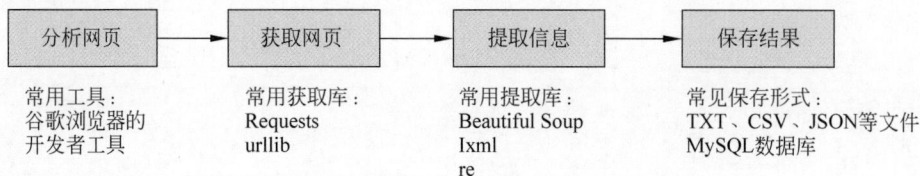

| 分析网页 | → | 获取网页 | → | 提取信息 | → | 保存结果 |

| 常用工具:
谷歌浏览器的
开发者工具 | 常用获取库:
Requests
urllib | 常用提取库:
Beautiful Soup
lxml
re | 常见保存形式:
TXT、CSV、JSON等文件
MySQL数据库 |

图 15-1　网络爬虫的一般处理过程及常用的 Python 库

2. 使用 Requests 库获取网页源代码

(1) requests.get()方法:发起 HTTP 请求,并获得服务器端响应。

(2) response.encoding 属性:为了正确解读所抓取的网页,需要设置网页的编码格式。

(3) response.text 属性:得到所抓取的网页源代码。

3. 使用 Beautiful Soup 库提取网页内容

(1) 为了定位元素节点,可以使用 CSS 选择器,它包含两个常用的方法。其中,select_one()方法只找到满足条件的第一个节点,而 select()方法则会找到满足条件的所有节点,并放入一个列表中。

（2）在定位元素节点的基础上，可以使用相应节点的 get_text、text、string 和 stripped_strings 等属性提取文本内容。

15.3　实例验证

【**实例 15-1**】　爬取"清华大学出版社"站点上的相关信息。

清华大学出版社（网址详见前言二维码）的"新闻"栏目对应的页面如图 15-2 所示，要求爬取该网页下属某一栏目的内容并保存在一个 TXT 文件中。

图 15-2　清华大学出版社的"新闻"栏目对应的网页截图

爬取该网页上"新闻"栏目的内容并保存在文件中的效果，如图 15-3 所示。

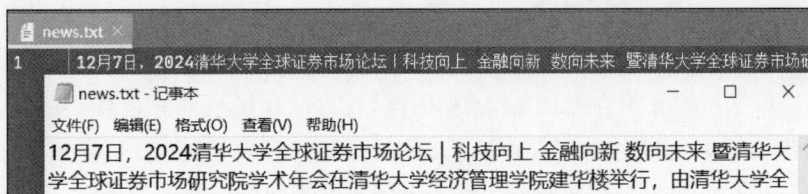

图 15-3　爬取网页上"清华大学全球证券市场研究院"栏目的内容并保存在文件中的效果

解题指导

1. 网页分析

正所谓"知彼知己，百战不殆"，爬取信息前，首先需要对相关网页进行仔细的分析。

（1）网页定性分析。

此步骤需要确定待爬取的网页是静态网页还是动态网页，这两类网页的抓取方法区别很大。静态网页的特点是浏览器中看到的网页内容都可以在网页对应的 HTML 源代码文件中找到，因而比较容易爬取。查看网页的 HTML 源代码的方法是右击网页并选择"查看网页源代码"菜单项。采用此方法可以确定本实例中的网页属于静态网页。

（2）网页结构分析。

这是编写爬虫程序前最重要的步骤，主要包括以下方面。

① 建立可见的网页内容与 HTML 元素之间的对应关系。

② 梳理 HTML 元素之间的嵌套层次关系。

这些都需要 Chrome 浏览器的开发者工具的支持。通过按 F12 键或者右击网页并选择"检查"菜单项，即可进入开发者工具界面，如图 15-4 右半部分所示。

要建立可见的网页内容与 HTML 元素之间的对应关系，需要先单击开发者工具菜单栏左侧的 ⌕ 按钮，然后用鼠标单击左侧网页的特定内容，就可以定位到右侧所对应的 HTML 代码部分。图 15-4 展示了左半部分的"清华大学全球证券市场研究院"栏目的内容与右边 HTML 代码中的< li >…</li >元素对之间的对应关系。可以看到，每一个左侧的栏目均对应着右侧的一个< li >…</li >元素对。

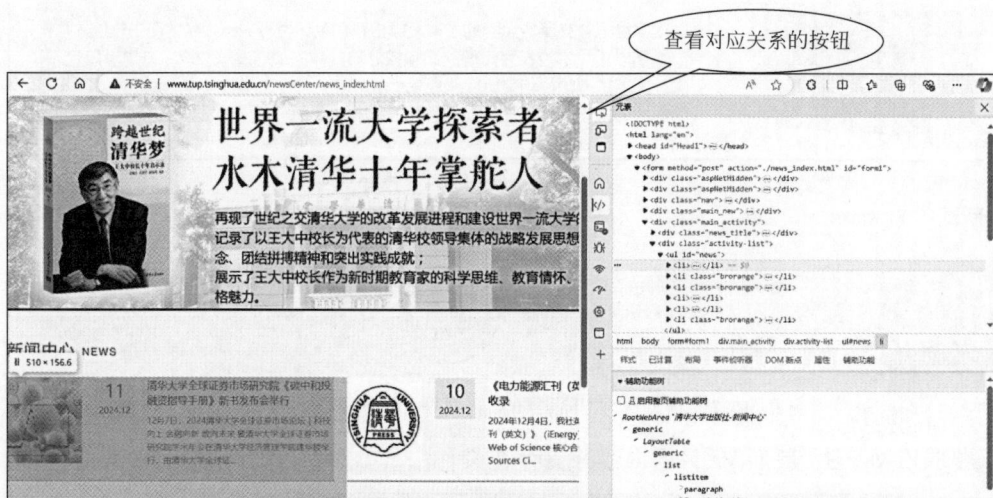

图 15-4　利用开发者工具查看网页特定内容与 HTML 代码的对应关系

通过逐层单击特定元素左侧的箭头 ▶ 图标，就可以逐层展开它包含的所有下层节点，从而观察出各层元素之间的嵌套包含关系，图 15-5 展示了与"清华大学全球证券市场研究院"栏目对应的< li >…</li >元素对所包含的内部元素之间的层次关系。

2. 构建爬虫程序总体结构

采用自顶向下、模块化设计思想，可以按如下步骤构建爬虫程序的总体结构。

（1）确定爬虫程序的主函数是 main( )函数；而爬取过程的三个阶段——获取网页、提取数据和保存数据，将分别由 get_html( )、get_data( )和 data_output( )三个函数来实现。

图 15-5 某一< li >…</li >元素对所包含元素的嵌套层次关系

（2）三个主要函数的接口设计如表 15-1 所示。

表 15-1 三个主要函数的接口设计

函 数 名	形 式 参 数	返 回 值
get_html	url：当前处理页面的 URL 网址，将由 main()函数为其提供实参	html：向 main()函数返回从服务器请求而得到的 HTML 源代码文件
get_data	html_text：要提取数据的当前页面的 HTML 源代码文件	result：是一个列表，列表中的每个元素对应着网页中某一栏目（例如"清华大学全球证券市场研究院"）的文本信息
data_output	data：第二阶段中已提取的栏目文本信息 filename：保存爬取结果的文件名	无

（3）按照惯例，程序执行的入口从 if __name__ == '__main__'语句开始，它只需调用 main()函数即可。

（4）本爬虫程序的整体结构如图 15-6 所示。

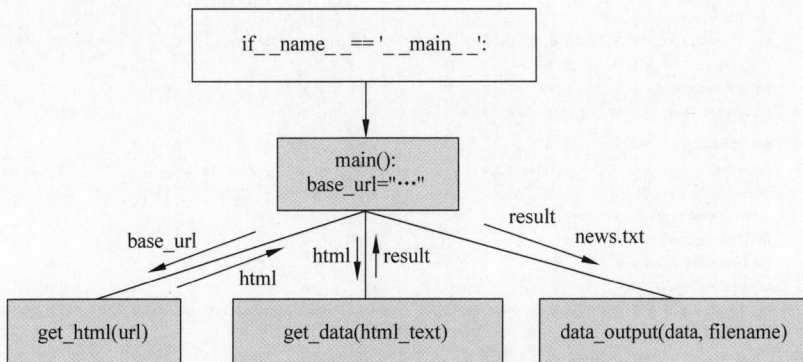

图 15-6 本爬虫程序的整体结构

（5）上述整体结构对应的程序代码如下：

```
#实例 15-1_1 程序总入口和 main()函数的代码示例
    #main()函数作为主函数,依次发起对其他函数的调用
def main():
    base_url = 'http://www.tup.tsinghua.edu.cn/newsCenter/news_index.html'
    #每次循环处理一页电影信息
    html = get_html(base_url)
    result = get_data(html)
    data_output(result, 'news.txt')
#程序总入口,发起对 main()函数的调用
if __name__ == '__main__':
    main()
```

3. 通过 Requests 库获取网页源代码

使用 Requests 库获取网页源代码时,需要注意以下两点。

(1) 为了防止服务器端拒绝爬虫程序的访问,在发起 HTTP 请求之前,最好设置一个请求头 Headers,并且请求头中至少要包含一个 User-Agent 字段,其值可以通过把 Chrome 浏览器的开发者工具中 User-Agent 项的值复制出来而得到。从开发者工具中提取 User-Agent 字段的值,如图 15-7 所示。

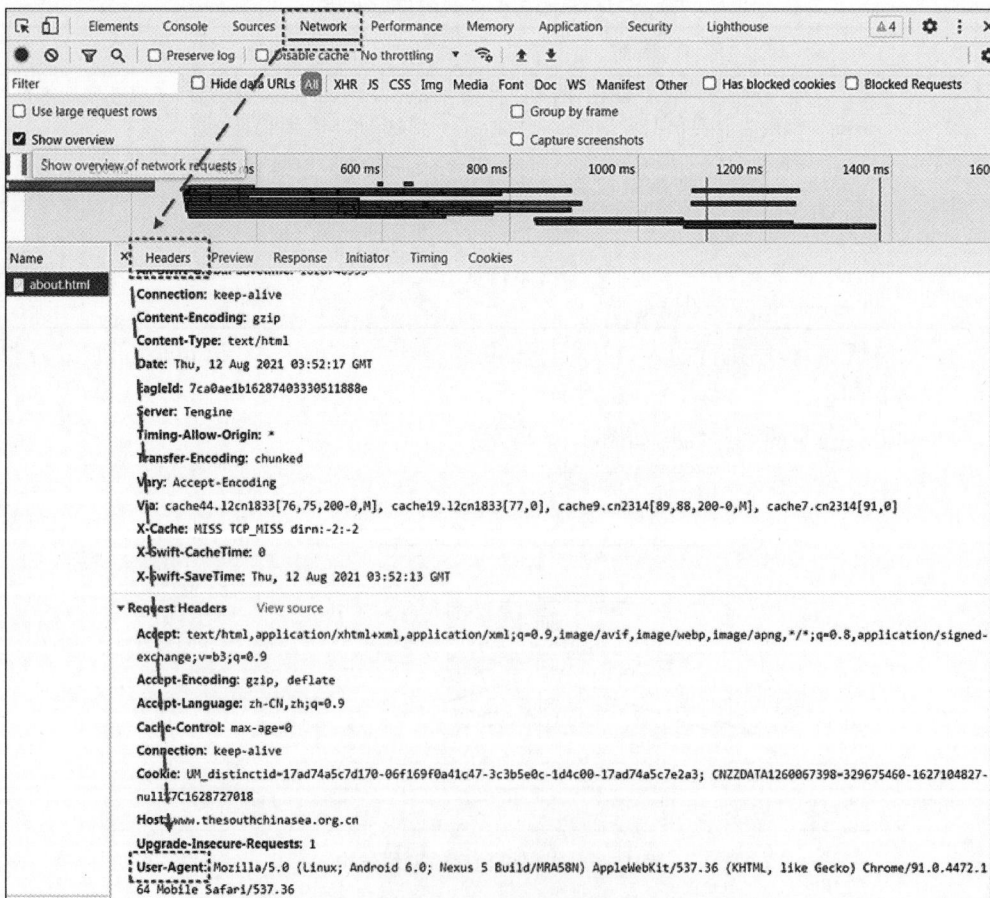

图 15-7 从开发者工具中提取 User-Agent 字段的值

（2）为防止爬虫程序解析网页时出现乱码，应该告诉爬虫程序要解析网页的编码格式。通过查看网页源代码的 HTML 头部可以找到网页的编码格式，如图 15-8 所示。

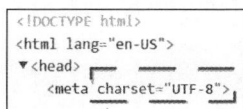

```
<!DOCTYPE html>
<html lang="en-US">
▼<head>
    <meta charset="UTF-8">
```

图 15-8　通过查看网页源代码的 HTML 头部可以找到网页的编码格式

使用 Requests 库获取网页的程序代码如下：

```
♯实例 15-1_2 使用 Requests 库获取网页的 get_html()函数代码示例
def get_html(url):
    ♯构建请求头,从开发者工具中提取 User-Agent 字段的值
    headers = {'user-agent':'Mozilla/5.0 (Linux; Android 6.0; Nexus 5 Build/MRA58N) \
                AppleWebKit/537.36 (KHTML, like Gecko) Chrome/91.0.4472.164 Mobile Safari/
537.36'}
    ♯发起 HTTP 请求
    response = requests.get(url=url, headers=headers, timeout=5)
    ♯声明网页的原有编码格式是 UTF-8,因此将自动用 UTF-8 解码成 Unicode
    response.encoding = 'utf-8'
    return response.text
```

4. Beautiful Soup 库提取网页数据

使用 Beautiful Soup 库提取网页数据的主要实现步骤如下所述。

（1）把 HTML 文档解析成内存的一种树结构。

首先创建一个 Beautiful Soup 对象，用于把将传入的 HTML 文档转换成内存中的树结构，代码如下：

```
♯实例 15-1_3 创建一个 Beautiful Soup 对象的代码示例
    from bs4 import BeautifulSoup
    soup = BeautifulSoup(html_text, "html.parser")
```

（2）在树状结构上定位节点并提取信息。

上述文档解析过程将在每个 HTML 元素与内存树的特定节点间建立起对应关系。因此，要提取某个 HTML 元素包含的信息，必须先定位到它对应的树节点。为此，Beautiful Soup 库提供了三种定位树节点的方法，分别是节点选择器、方法选择器和 CSS 选择器。下面将基于图 15-9 给出的示例源代码重点讲解 CSS 选择器的基本用法。

CSS 选择器用于定位节点的方法主要有两个方法：select_one()和 select()，前者只会找到满足条件的第一个节点，后者则会把满足条件的所有节点放到一个列表中。具体使用时又存在如下几种常用的形式。

① 基于元素名来定位节点，直接用元素名作为参数即可。

- 使用 select_one()方法定位第一个 li 元素，代码和运行结果如图 15-10 所示。
- 使用 select()方法定位所有的 li 元素节点，代码和运行结果如图 15-11 所示。

可以看到，select()方法会把所有找到的 li 元素节点放到一个列表中。

② 基于元素间的层级关系来定位节点，上下级元素间用空格分开。

```
...
<div class="logo1">
    <ul>
        <li class="logozc" style="display:none" ><a href="../member/register.aspx" >注册</a></li>
        <li>
            <div class="logofh"   >
                +</div>
             <a href="https://jiaoxue.wqxuetang.com"   target="_blank">申领样书</a></li>
    </ul>
</div>
...
        </div>
    </div>
    <div class="main_new">
        <h2 class="ft_tit">
            <a href="../index.html">首页</a> >新闻中心</h2>
        <div id="newspic" class="news_banner"><ul class="news_list"><li><a href="http://www.tup.com.cn/newscenter/
news_1240.html"  target="_blank" ><img src="../img/newspicture/1040-348_0_20150723035946.jpg"   /></a></li></ul></div><div
class="news_item"><a class="click">1</a></div></div>
    <div class="main_activity">
        <div class="news_title">
            <h3 class="h4_1">
            </h3>
        </div>
        <div class="activity-list">
            <ul id="news"><li><p class="fn-pic"><a href="news_13240.html"><img src="../img/newssmallpicture/hdzx6-1.jpg"  width="121"
height="121" /></a></p><dl class="ft_n_dl"><dt><span>11</span>2024.12</dt><dd><p class="ft-title"><a href="news_13240.html">清
华大学全球证券市场研究院《碳中和投融资指导手册》新书发布会举行</a></p><p class="fn-intro">
12月7日，2024清华大学全球证券市场论坛□科技向上 金融向新 数向未来 暨清华大学全球证券市场研究院学术年会在清华大学经济管理学院建华楼举
行，由清华大学全球证...</p></dd></dl></li>
```

图 15-9 用于讲解 CSS 选择器基本用法的示例 HTML 代码

图 15-10 使用 select_one( )方法定位第一个 li 元素示例

图 15-11 使用 select( )方法定位所有的 li 元素示例

利用上下级的层次关系定位 h2 下面包含的< a >元素节点，代码和运行结果如图 15-12 所示。

注意，当网页源代码中存在多个相同的元素时，使用上下级层次关系有利于缩小匹配范围，更精准地定位想要找的元素节点。

```
# 使用 select_one() 方法选择第一个 <h2> 标签下的 <a> 标签
first_a_element = soup.select_one('h2 a')  # 选择第一个在 <h2> 标签内的 <a> 标签
```

```
11 ×
D:\python\tupian\venv\Scripts\python.exe D:/python/tupian/11.py
首页
```

图 15-12　利用上下级的层次关系定位元素节点示例

层级元素不限于父子节点之间,也允许在隔代(例如祖孙)节点之间使用。

③ 基于元素名和元素的属性值来定位节点,两者之间用圆点分隔。

观察图 15-9 的 HTML 代码,可以发现存在两个 ul 元素,而这两个 ul 元素的 class 属性值是不同的,可以利用这一点来快速定位到第 2 个 ul 元素节点。

定位属性 id 的值等于"news"的 ul 元素节点,程序代码和运行结果如图 15-13 所示。

```
# 使用 select_one() 方法定位 id="news" 的 <ul> 元素
ul_element = soup.select_one('ul#news')  # 定位 id="news" 的第一个 <ul> 元素
```

```
11 ×
D:\python\tupian\venv\Scripts\python.exe D:/python/tupian/11.py
<ul id="news">
<li>
 <p class="fn-pic">
  <a href="news_13240.html">
   <img height="121" src="../img/newssmallpicture/hdzx6-1.jpg" width="121"/>
  </a>
 </p>
 <dl class="ft_n_dl">
  <dt>
   <span>
    11
   </span>
   2024.12
  </dt>
  <dd>
   <p class="fn-title">
    <a href="news_13240.html">
     清华大学全球证券市场研究院《碳中和投融资指导手册》新书发布会举行
    </a>
   </p>
   <p class="fn-intro">
    12月7日, 2024清华大学全球证券市场论坛 | 科技向上 金融向新 数向未来 暨清华大学全球证券市场研究院学术年会在清华大学经济管理学院建华楼举行, 由清华大学全球证...
   </p>
  </dd>
 </dl>
</li>
<li class="brorange">
```

图 15-13　定位属性 id 的值等于"news"的 ul 元素节点的程序代码和运行结果

④ 提取特定节点的属性值。

在定位到元素节点的同时,还可以使用['属性名']的形式获得相应的属性值。

得到 img 元素的 src 属性值,程序代码和运行结果如图 15-14 所示。

```
# 如果找到了该元素, 查找该元素下第一个 <img> 元素的 src 属性
first_img = news_section.select_one('img')  # 在 #news 内获取第一个 <img> 元素
```

```
11 ×
D:\python\tupian\venv\Scripts\python.exe D:/python/tupian/11.py
../img/newssmallpicture/hdzx6-1.jpg
```

图 15-14　得到 img 元素的 src 属性值的程序代码和运行结果

⑤ 基于属性值的模糊匹配来定位节点。

通过 href 属性值的模糊匹配定位到< a >元素节点,程序代码和运行结果如图 15-15 所示。

```
# 基于属性值的模糊匹配来定位节点 <a> 标签
link = soup.select_one('a[href*="register"]')
if response.status_code == 200
11 ×
D:\python\tupian\venv\Scripts\python.exe D:/python/t
<a href="../member/register.aspx">注册</a>
```

图 15-15   通过 href 属性值的模糊匹配定位到<a>元素节点的程序代码和运行结果

⑥ 提取已定位节点的文本信息。

定位好元素节点后,要提取节点包含的文本信息,可根据需要选择使用 get_text、text、string 和 stripped_strings 等属性,它们的主要区别可概括如下。

- get_text 属性会提取当前节点的 HTML 代码。
- text 属性可以返回子孙节点包含的文本字符串。
- string 属性只能返回自身节点的文本字符串,而一旦当前节点的下面有子孙节点时,string 属性只会返回 None。
- stripped_strings 属性提取的是子孙节点中去除了空白字符的文本字符串,并将结果以生成器的形式返回(可以通过 list()函数转换成列表并输出)。

结合上面的说明,图 15-16 中对比了提取文本信息的不同方法,以加深理解。

```
# 使用 get_text属性返回相应元素的HTML代码
link = soup.select_one('a[href*="register"]')
link.get_text

if response.status_code == 200
11 ×
D:\python\tupian\venv\Scripts\python.exe D:/python/tupian/11.py
<a href="../member/register.aspx">注册</a>

# 使用string属性返回自身节点的文本字符串
link = soup.select_one('a[href*="register"]')
link.string

if response.status_code == 200
11 ×
D:\python\tupian\venv\Scripts\python.exe D:/python/tupian/11.py
注册

# 使用text属性可以返回子孙节点包含的文本字符串
a_h2_tag = soup.select_one('h2 a')
a_h2_tag.text

if response.status_code == 200  >  if a_h2_tag
11 ×
D:\python\tupian\venv\Scripts\python.exe D:/pyth
首页

# stripped_strings属性提取的是子孙节点中去除了空白字符的文本字符串,
# 并将结果以生成器的形式返回 (可以通过list()函数转换成列表并输出).
a_h2_tag = soup.select_one('h2 a')
list(a_h2_tag.stripped_strings)

if response.status_code == 200
11 ×
D:\python\tupian\venv\Scripts\python.exe D:/python/tupian/11.py
['首页']
```

图 15-16   提取文本信息的不同方法

（3）使用 Beautiful Soup 库提取网页信息的主要代码如下：

```
#实例 15-1_4 使用 Beautiful Soup 库提取网页信息的 get_data()函数代码示例
from bs4 import Beautiful Soup
def get_data(html_text):
    #创建一个 Beautiful Soup 类的对象 soup 用于提取网页信息
    soup = BeautifulSoup(html_text, "html.parser")
    #定位到网页新闻中心的"清华大学全球证券市场"对应的 HTML 元素
    li = soup.select_one('ul.list li')
    #提取相应文本并返回
    return list(li.stripped_strings)[:-1]
```

思考 1：最后一行代码中[:-1]的作用是什么？

思考 2：select_one('ul.list li')处为什么不使用 select_one('ul li')或 select_one('li')呢？

5. 爬取结果保存到 TXT 文件中

下面定义的 data_output()函数用于保存提取的信息到指定的文件中，代码如下：

```
#实例 15-1_5 把提取的信息保存到文件中的 data_output()函数代码示例
def data_output(data, filename):
    with open(filename, 'a') as f:
        for text in data:
            f.write(text + '\n')
    f.close()
```

思考：为什么在 with open 语句中，打开文件的模式指定为'a'呢？请说明理由。

🔑 15.4　实验任务

1. 程序填空

【填空 15-1】　针对图 15-9 中的 HTML 源代码，要求提取出第 1 个< a >元素的 href 属性，请在如下代码中填空。

```
#tk15-1.py
content = soup.select_one(_____)
```

【填空 15-2】　根据下面的代码，回答后面的问题，请在如下代码中填空。

```
#tk15-2.py
from bs4 import BeautifulSoup
test = '''< html >< head ></head >< body >< span > 1234
< b > abc </b ></span >
</body ></html >'''
soup = BeautifulSoup(test, 'html.parser')
pos = (_____) #定位到(指向)上述 HTML 代码中的 span 元素节点
print(_____) #输出 span 元素后面直接包含的文本(不包含子孙元素的文本)
print(_____) #输出 span 元素内部包含的所有文本(包含子孙元素的文本)
```

2. 编程

【编程 15-1】　针对图 15-9 中的 HTML 源代码，请编程实现一次性输出所有< a >元素中包含的超链接信息,结果如图 15-17 所示。

```
../aboutus/szzc.html
../aboutus/qyjj.html
../aboutus/zzjg.html
../aboutus/hwhz.html
../aboutus/qyry.html
../aboutus/swwyh.html
../newsCenter/news_index.html
../booksCenter/books_index.html
../booksCenter/books_index.html
```

图 15-17   部分< a >元素中包含的超链接

【**编程 15-2**】   请修改前面的示例程序,爬取新闻中心下面 6 个栏目的全部文字内容,并保存到文件中,如图 15-18 所示。

```
*news.txt - 记事本                              —    □    ×
文件(F)  编辑(E)  格式(O)  查看(V)  帮助(H)
清华大学全球证券市场研究院《碳中和投融资指导手册》新书发布会举行
12月7日,2024清华大学全球证券市场论坛 | 科技向上 金融向新 数向未来 暨清华大
学全球证券市场研究院学术年会在清华大学经济管理学院建华楼举行,由清华大学全
球证...
详情: newsCenter/news_13240.html
《电力能源汇刊(英文)》被ESCI数据库收录
2024年12月4日,我社英文学术期刊《电力能源汇刊(英文)》(iEnergy)正式被
科睿唯安旗下 Web of Science 核心合集ESCI(Emerging Sources Ci...
详情: newsCenter/news_13221.html
《智能网联汽车(英文)》被ESCI数据库收录
2024年12月4日,我社英文学术期刊《智能网联汽车(英文)》(JICV, Journal of
Intelligent and Connected Vehicles)正式被科睿唯安旗下 Web of Science 核心
合集ES...
详情: newsCenter/news_13220.html
新时代·新格局·新成就 | 第六届中国计算机教育大会(CECC)在厦门召开
12月7日,第六届中国计算机教育大会(CECC)在厦门国际会议中心召开。大会以
"新时代·新格局·新成就"为主题,吸引了来自全国计算机学术界、教育界和产业界
的100多...
newsCenter/news_13201.html
《交通研究通讯(英文)》被SCIE和SSCI双收录
2024年12月5日,我社英文学术期刊《交通研究通讯(英文)》
(Communications in Transportation Research)获悉,已正式被科睿唯安Web
of Sci...
newsCenter/news_13200.html
"国情讲坛"举办《强国道路:中国式现代化的创新发展》新书专场
2024年11月21日晚,清华大学国情研究院"国情讲坛"第65讲在公共管理学院报告
厅举行。清华大学文科资深教授、国情研究院院长胡鞍钢围绕新书《强国道路:中国
式现代...
newsCenter/news_13162.html
```

图 15-18   爬取新闻中心下面 6 个栏目的全部文字内容并保存到文件

解题指导:在上面示例所展示的提取文本信息的基础上,所作的修改主要涉及如下两项。

(1)定位< ul class= 'list'>元素下面的多个< li >元素,这可以使用 select()方法来实现。

(2)提取出这些< li >元素内部的< a >元素的超链接信息,可以考虑通过循环来实现:每次循环提取一个< li >元素内部的文本信息和< a >元素的超链接。

15.5　难点分析

使用 Requests 和 Beautiful Soup 库爬取网页时,技术难点包括以下 5 方面。

(1) 处理网页编码问题。不同网页可能使用不同编码,需要正确处理。

(2) 应对反爬机制。网站可能设置了各种反爬措施,如 Cookies、User-Agent 轮换、IP 封禁等,需要适当处理。

(3) 提取动态内容。有些网页内容是通过 JavaScript 动态加载的,需要特殊处理。

(4) 异步加载内容。对于使用 Ajax 或其他异步加载机制的网页,需要模拟请求获取数据。

(5) 处理复杂的 DOM 结构。网页结构复杂时,解析路径需要精准定位。

实训案例篇

第 *16* 章

海洋经纬距离计算

CHAPTER *16*

🔑 16.1　案例简介

基于 Python 的"海洋经纬距离计算"案例旨在对航线规划中的海洋经纬距离进行计算,输入目的地的经纬度坐标或名称,系统会根据船只当前位置和目的地,计算两个地方的航海的测地线距离,如图 16-1 所示。

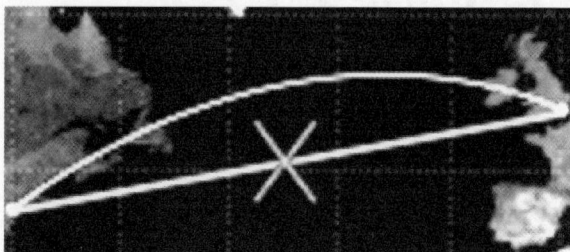

图 16-1　白色线为测地线距离示意图

1. 关于测地线距离

测地线距离不是一条直线,而是地球表面两点之间最短路径的距离。这种距离计算的意义在于以下四点。

(1) 绘制航行轨迹。通过调用 GPS 模块,获取船只的经纬度坐标,并实时显示在地图上。同时,根据船只位置的变化,可以绘制航行测地线轨迹。

(2) 航行线路状态监测。根据船只的航向、速度等信息,判断船只的航行状态,如离岸情况、周边情况等,都离不开这种距离的计算。

(3) 航线规划。用户可以在系统中输入目的地的经纬度坐标或名称,系统会根据船只当前位置和目的地,在地图上生成最佳航线,并提供导航指引。

(4) 海洋气象信息预警。当有糟糕海洋的气象信息(如台风、暴雨、大浪等)时,船只需要知道与这种气象点的距离。

2. Python 中如何进行测地线距离的计算

Python 中可以使用 GeoPy 库来进行测地线距离的计算。下面给出的是一种常见的计算步骤示例。

(1) 安装 GeoPy 库(如果未安装)。在命令行或者终端中运行 pip install geopy 来安装该库。

(2) 导入所需模块。通过 from geopy import distance 语句将 distance 模块导入程序中。

(3) 定义两个点的经度和纬度信息。根据需要,创建两个包含经度和纬度值的变量,如 point1＝(lon1,lat1)和 point2＝(lon2, lat2)。其中,lon 表示经度,lat 表示纬度。

(4) 调用 distance() 函数并传入参数。使用 dist ＝ distance.great_circle(point1,point2)这样的语法来调用 distance()函数,并将 point1 和 point2 作为参数传入。

(5) 获取结果。可以通过打印输出 dist 来查看计算得到的测地线距离。

A 点的地理坐标：$(22°00'25''N, 113°22'34''E)$。

B 点的地理坐标：$(3°58'20''N, 112°16'53''E)$。

这两者的测地线距离在地球的球面上，不是一条直线，而是一条弧线，如图 16-2 所示。

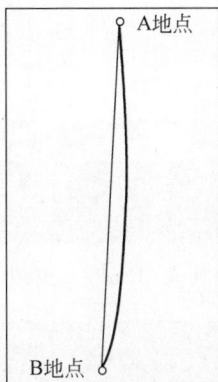

图 16-2　A 地点到 B 地点测地线距离（细弧线）示意图

16.2　相关知识

本案例实践涉及 Basemap、GeoPy、GeographicLib、PyAutoGUI 等第三方库，下面将分别介绍它们的安装以及 Basemap 的使用方法。

1. 安装第三方库

安装时，在 cmd 命令行窗口输入命令：pip install＋要安装的模块名称。

(1) 安装 Basemap 库。

命令：`pip install basemap`。

安装 Basemap 库，如图 16-3 所示。

图 16-3　Basemap 库安装图

(2) 安装 GeoPy 库（用于处理地理数据和执行与地理位置相关的操作）。

命令：`pip install geopy`。

安装 GeoPy 库，如图 16-4 所示。

(3) 安装 GeographicLib 库（用于处理地理坐标和地球上点之间的距离、方位和航向计算的库）。

命令：`pip install geographiclib`。

安装 GeographicLib 库，如图 16-5 所示。

(4) 安装 PyAutoGUI 库（可以模拟鼠标和键盘操作，执行各种 GUI 任务）。

命令：`pip install pyautogui`。

安装 PyAutoGUI 库，如图 16-6 所示。

```
C:\Users\Administrator>pip install geopy
Collecting geopy
  Downloading geopy-2.2.0-py3-none-any.whl (118 kB)
     |                                          | 51 kB 218 kB/s eta 0:00:01
     |                                           | 61 kB 262 kB/s eta 0:00
     |                                            | 71 kB 131 kB/s eta 0:
     |                                             | 81 kB 34 kB/s eta
     |                                              | 92 kB 39 kB/s e
     |                                               | 102 kB 29 kB
     |                                                | 112 kB 29
     |                                                 | 118 kB 2
9 kB/s
Requirement already satisfied: geographiclib<2,>=1.49 in e:\python\python36\lib\
site-packages (from geopy) (1.52)
Installing collected packages: geopy
Successfully installed geopy-2.2.0
```

图 16-4　GeoPy 库安装图

```
C:\Users\Administrator>pip install geographiclib
Collecting geographiclib
  Downloading geographiclib-1.52-py3-none-any.whl (38 kB)
Installing collected packages: geographiclib
Successfully installed geographiclib-1.52
```

图 16-5　GeographicLib 库安装图

```
Successfully installed EasyProcess-1.1 entrypoint2-1.1 mouseinfo-0.1.3 mss-7.0.1
 pyautogui-0.9.54 pygetwindow-0.0.9 pymsgbox-1.0.9 pyperclip-1.8.2 pyrect-0.2.0
pyscreenshot-3.1 pyscreeze-0.1.29 pytweening-1.0.7
```

图 16-6　PyAutoGUI 库安装图

2. Basemap 库

Basemap 工具包是 Matplotlib 包的子包，一个用 Python 在地图上绘制二维数据的库，它提供了将坐标转换为 25 种不同地图投影的功能，然后调用 Matplotlib 扩展包绘制轮廓、图像和坐标点等。该扩展包提供了海岸线、河流、政治边界数据集以及绘制方法。其中 GEOS 库在内部用于将海岸线和边界特征剪切到所需的地图投影区域。

Basemap 包括 GSHHG（全球自洽、分层、高分辨率地理数据库）海岸线数据集以及 GMT 格式的河流、州和国家边界的数据集。这些数据集可以用来以不同的分辨率绘制海岸线、河流和边界地图。相关方法如表 16-1 所示。

表 16-1　Basemap 函数列表

方　法	说　明
drawcoastlines()	绘制海岸线
fillcontinents()	通过填充海岸线多边形为地图着色
drawcountries()	绘制国家边界
drawstates()	绘制状态边界
drawrivers()	绘制河流
drawlsmask()	绘制高分辨率的海陆图像，指定陆地和海洋的颜色
bluemarble()	绘制蓝色大理石图像作为地图背景
shadedrelief()	绘制阴影浮雕图像作为地图背景

3. Basemap 示例

以绿点标志 A 地点、以蓝点标志 B 地点的绘制示例，代码如下：

```
from mpl_toolkits.basemap import Basemap
import numpy as np
import matplotlib.pyplot as plt
w = 8000000;  # 28000000 是最大的, 数字越小绘制得越局部
lon_0 = 113.37588100050841; lat_0 = 22.01051559043878
m = Basemap(width = w, height = w, projection = 'aeqd', lat_0 = lat_0, lon_0 = lon_0)
# fill background.
m.drawmapboundary(fill_color = 'aqua')
# draw coasts and fill continents.
m.drawcoastlines(linewidth = 0.5)             # 海岸线
m.fillcontinents(color = 'coral', lake_color = 'aqua')
# 20 degree graticule.
m.drawparallels(np.arange( - 80, 81, 20))     # 绘制纬线
m.drawmeridians(np.arange( - 180, 180, 20))   # 绘制经线
# draw a black dot at the center.
xpt, ypt = m(lon_0, lat_0)
m.plot([xpt], [ypt], 'go')                    # A 地点(上面圆点代表)
xpt, ypt = m(112.27694, 3.96889)              # B 地点(下面圆点代表)
m.plot([xpt], [ypt], 'bo')                    # draw the title.
plt.title('Azimuthal Equidistant Projection') # 方位角等距投影
plt.show()
```

以上程序运行后的结果，如图 16-7 所示。

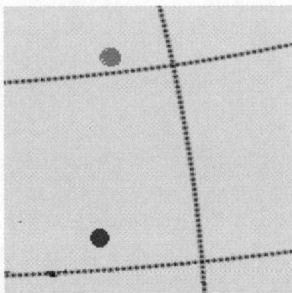

图 16-7　A 地点(上点)、B 地点(下点)

16.3　案例设计

本案例需综合运用 GeoPy、GeographicLib、Haversine 公式计算地球上两个位置之间的距离，在航空和航海上都有很大作用。

本案例的设计过程包括以下 4 种方法。

（1）根据地点求距离。

（2）GeographicLib 根据经纬度求距离。

（3）GeoPy 根据经纬度求距离。

（4）Haversine 公式计算球面(大圆)距离。

案例所依赖的"_地名经纬坐标.txt"文件数据如下：

```
地点 1:[43.790097946245915, 87.61369056710296]
地点 2:[26.06790551180181, 119.30314933055072]
B 地点:[3.9688900000000444, 112.27694000000008]
地点 3:[23.130196401000035,113.25929450000001]
A 地点:[22.01051559043878, 113.37588100050841]
地点 4:[34.59785960000005,119.21581300000003]
地点 5:[34.83218526510876,119.12249067717386]
```

1. 根据地点求距离

利用 Geocoder，根据地点名称查询出经纬度，再依照两个经纬度计算测地距离。

```python
from geopy.distance import geodesic
import pyautogui
def GetJwZuobiao(diName):
    f = open('_地名经纬坐标.txt','r')
    jws = ''
    for line in f:
        s1 = line.replace(':',':')              # 纠正可能的冒号错误
        s2 = s1.replace(',',',')                # 纠正可能的逗号错误
        list1 = s2.split(':')
        if diName == list1[0]:                  # 发现有该地名
            jws = list1[1]                      # 记住找到的经纬度坐标列表的字符串
            break
    f.close()
    lst = []
    if jws!= '':                               # 这是找到的情况
        try:
            lst = eval(jws)                     # 经纬度坐标列表的字符串转换为 ->列表
        except:
            pyautogui.alert(text = '出错!',title = '经纬格式') # 错误的弹框
    else:
        pyautogui.alert(text = '没发现!', title = '地名')     # 未找到的弹框
    return lst                                  # 返回经纬度坐标列表

# 测试:成功返回一个有效的经纬列表,否则是个空列表
ls = GetJwZuobiao('某市')
if ls:
print(ls)

from geopy.distance import geodesic
import geocoder
address1 = "XXX 市 XXX 区 XXX 路 80 号"
address2 = "YYY 市 YYY 区 YYY 路 55 号"
location1 = geocoder.arcgis(address1).latlng
location2 = geocoder.arcgis(address2).latlng
distance = geodesic(location1, location2).km
print("Distance between two addresses is: {:.2f} km".format(distance))

address1 = "B 地点"
address2 = "地点 3"
```

```
location1 = geocoder.arcgis(address1).latlng
location2 = geocoder.arcgis(address2).latlng
distance = geodesic(location1, location2).km
print("Distance between two addresses is: {:.2f} km".format(distance))

address1 = "地点 4"
address2 = "地点 5"
location1 = geocoder.arcgis(address1).latlng
location2 = geocoder.arcgis(address2).latlng
distance = geodesic(location1, location2).km
print("地点 4",location1)
print("地点 5",location2)
print("Distance between two addresses is: {:.2f} km".format(distance))

address1 = "B 地点"
address2 = "A 地点"
location1 = geocoder.arcgis(address1).latlng
location2 = geocoder.arcgis(address2).latlng
distance = geodesic(location1, location2).km
print("B 地点",location1)
print("A 地点",location2)
print("Distance between two addresses is: {:.2f} km".format(distance))

#B 地点
lat1 = 3.96889                #纬度 -90---90
lon1 = 112.27694              #经度 -180----180
A = (3.96889,112.27694)
#A 地点
lat3 = 22.01051559043878
lon3 = 113.37588100050841
B = (22.01051559043878,113.37588100050841)
from geopy.distance import great_circle as GRC
dist = GRC(A,B).km
print("大圆距离: {:.2f} km".format(distance))
```

代码输出结果如下：

```
地点 1 [43.790097946245915, 87.61369056710296]
地点 2 [26.06790551180181, 119.30314933055072]
Distance between two addresses is: 3465.75 km
B 地点 [3.9688900000000444, 112.27694000000008]
地点 3 [23.130196401000035, 113.25929450000001]
Distance between two addresses is: 2122.73 km
地点 4 [34.59785960000005, 119.21581300000003]
地点 5 [34.83218526510876, 119.12249067717386]
Distance between two addresses is: 27.36 km
B 地点 [3.9688900000000444, 112.27694000000008]
A 地点 [22.01051559043878, 113.37588100050841]
Distance between two addresses is: 1999.62 km
大圆距离: 1999.62 km
```

2. GeographicLib 根据经纬度求距离

利用 GeographicLib,根据两个经纬度计算测地距离。

```
from geographiclib.geodesic import Geodesic
#经纬度 latitude and longitude
#B 地点
lat1 = 3.96889          #纬度 -90~90
lon1 = 112.27694        #经度 -180~180
#A 地点
lat3 = 22.01051559043878
lon3 = 113.37588100050841
geod = Geodesic.WGS84
g = geod.Inverse(lat1,lon1,lat3,lon3)
dist = g['s12']/1000
print("两个经纬度之间的距离:{:.2f} km".format(dist))
```

代码输出结果如下:

```
两个经纬度之间的距离: 1999.62 km
```

3. GeoPy 根据经纬度求距离

利用 GeoPy,根据两个经纬度计算测地距离。

```
from geopy.distance import   geodesic
#经纬度 latitude and longitude
#B 地点
lat1 = 3.96889                              #纬度 -90~90
lon1 = 112.27694                            #经度 -180~180
#A 地点
lat3 = 22.01051559043878
lon3 = 113.37588100050841
coords_1 = (float(lat1), float(lon1))
coords_2 = (float(lat3), float(lon3))
dist = geodesic(coords_1, coords_2).km      #以 km 为单位显示
print("GeoPy 两个经纬度之间的距离:{:.2f} km".format(dist))
```

代码输出结果如下:

```
GeoPy 两个经纬度之间的距离: 1999.62 km
```

4. Haversine 公式计算球面(大圆)距离

测地距离(Geodesic distances)指大地曲面上两点间的最短距离。

平面距离(Planar distances)指几何平面上两点间的最短距离。

大圆距离(Great-circledistance)指从球面的一点 A 出发到达球面上另一点 B,所经过的最短路径的长度。球面上,A 点、B 点、球心三点所确定的平面与球面的交线即是大圆,而在大圆上连接这两点间较短的一条弧的长度就是大圆距离。若这两点和球心正好都在球的直径上,则过这三点可以有无数大圆,但两点之间的弧长都相等,且等于该大圆周长的一半。由于地球类似球体,地球上任何两点沿球面的最短距离都可以用大圆距离近似。

利用两点经纬度计算地理空间大圆距离：已知地球上任意两点$(\text{lon1}, \text{lat1})$，$(\text{lon2}, \text{lat2})$的经纬度坐标，求两点间的大圆距离可以利用 Haversine 公式，首先将经纬度坐标的角度化成弧度，再利用如下公式：

$$d = 2r\ \text{argsin}\left(\sqrt{\sin^2\left(\frac{\text{lat2}-\text{lat1}}{2}\right) + \cos(\text{lat2})\cos(\text{lat1})\sin^2\left(\frac{\text{lon2}-\text{lon1}}{2}\right)}\ \right)$$

大圆距离计算，代码如下：

```python
from math import radians, sin, cos, asin, sqrt
def disN(lon1, lat1, lon2, lat2):
    #将十进制转为弧度
    lon1, lat1, lon2, lat2 = map(radians, [lon1, lat1, lon2, lat2])
    #Haversine 公式
    d_lon = lon2 - lon1
    d_lat = lat2 - lat1
    aa = sin(d_lat / 2) ** 2 + cos(lat1) * cos(lat2) * sin(d_lon / 2) ** 2
    c = 2 * asin(sqrt(aa))
    r = 6371                  #地球半径,千米
    return c * r
#B地点
lat1 = 3.96889               #纬度 - 90～90
lon1 = 112.27694             #经度 - 180～180
#A地点
lat3 = 22.01051559043878
lon3 = 113.37588100050841
d = disN(lon1, lat1, lon3, lat3)
print("Haversine 两个经纬度之间的距离为:{:.2f}千米".format(d))
```

代码输出结果如下：

```
Haversine 两个经纬度之间的距离为:2009.63 千米
与前面的 1999.62 km 差距是:千分之 5
# 地点 4 [34.59785960000005, 119.21581300000003]
# 地点 5 [34.83218526510876, 119.12249067717386]
lat10 = 34.59785960000005
lon10 = 119.21581300000003
lat11 = 34.83218526510876
lon11 = 119.12249067717386
d = disN(lon10, lat10, lon11, lat11)
print("地点 4 - 地点 5 的距离为:{:.2f}千米".format(d))
```

代码输出结果如下：

```
地点 4 - 地点 5 的距离为:27.42 千米
与前面的 27.36 km 差距是:千分之 2
```

🔑 16.4　案例结语

本案例涉及 PyAutoGUI、GeoPy、GeographicLib 等第三方库。具体的函数或方法包括 pyautogui. alert()、drawmapboundary()、geodesic(location1，location2). km 等，主要应用

于地球测地线距离的计算,对航海船只定位、航线规划有重要意义。

重点:根据地名获取经纬度。

Pyautogui 弹出对话框的使用。

Basemap 地图绘制方法。

难点:使用 Haversine 公式计算球面(大圆)距离。

拓展:两个经纬度点的距离计算思路、数学基础。

(1)距离计算的思路。

地球是个不规则的椭球体,现简化为球体来计算。球体上两地的最短距离就是经过两点的大圆的劣弧(较短的弧线)长度。

思路如下:经纬度→两点坐标(直角坐标)→弦长(两点距离)→弧长。

(2)距离计算的数学基础。

① 坐标转换。假设地球半径为 R,地心到(E 0°,N 0°)点的连线为 x 轴,地心到(E 90°,N 0°)点的连线为 y 轴,地心到(E 0°,N 90°)点的连线为 z 轴。地球表面有一点 A,经度为 e,纬度为 n,单位为弧度,则 A 的三维坐标可表示为:

$$x = R \cdot \cos(n) \cdot \cos(e)$$
$$y = R \cdot \cos(n) \cdot \sin(e)$$
$$z = R \cdot \sin(n)$$

② 根据弦长求弧长。

已知弦长 c,半径 R,利用弧长公式计算弧 r 的长度,只需先求出∠a 的大小,如图 16-8 所示。

$$\alpha = \arcsin(c/2/R)$$
$$r = 2\alpha \cdot R$$

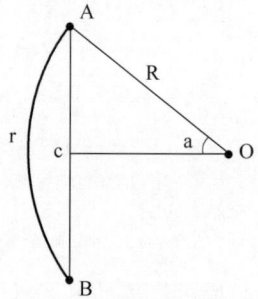

图 16-8　弧长计算参考图

(3)距离计算代码。

获取两经纬度之间距离的 getDistance()函数的参数。

e1:点 1 的东经,单位:角度,如果是西经则为负;

n1:点 1 的北纬,单位:角度,如果是南纬则为负;

e2、n2:点 2 的经纬度;

return:两个经纬度间距离,单位为千米。

代码如下:

```python
import math
def getDistance(e1,n1,e2,n2):
    R = 6371        ♯地球半径,单位为千米
    ♯将经纬度度数转为弧度
    def getPoint(e,n):
        e *= math.pi / 180.0
        n *= math.pi / 180.0
        return (math.cos(n) * math.cos(e), math.cos(n) * math.sin(e),math.sin(n))
    ♯计算三维空间的斜边长度
    def myHypot(a,b,c):
        return math.sqrt(a ** 2 + b ** 2 + c ** 2)
    a = getPoint(e1,n1)
```

```
    b = getPoint(e2,n2)
    c = myHypot(a[0] - b[0], a[1] - b[1], a[2] - b[2])
    r = math.asin(c/2) * 2 * R
    return  r
d =  getDistance(114.123456,30.123456,114.124567,30.123457)
print(d * 1000)
```

第 *17* 章

连云港海域海水深度、
温度分布数据图绘制

CHAPTER *17*

17.1　案例简介

海水深度和温度是海洋环境中重要的物理参数,对海洋生态系统、气候模式和海洋工程等都有着重要影响。随着海水深度的增加,光线逐渐减弱,逐步影响海洋生物的光合作用和生态系统结构。随着海水深度增加,水压也增加,对生物和植物的生长有一定的影响。此外,海水温度也对海洋生物、植物的分布产生深远影响。不同种类的海洋生物对温度有不同的适应能力,温度变化可能会影响它们的生长、繁殖和分布。海水温度变化也会影响海洋环境和生态系统,如珊瑚礁的白化现象和鱼类迁徙模式的变化等。海水深度和温度的影响是相互交织的,它们与其他环境因素(如盐度、溶解氧含量和营养物质)之间也存在着复杂的相互作用。海水深度与温度的关系示意图如图 17-1 所示。

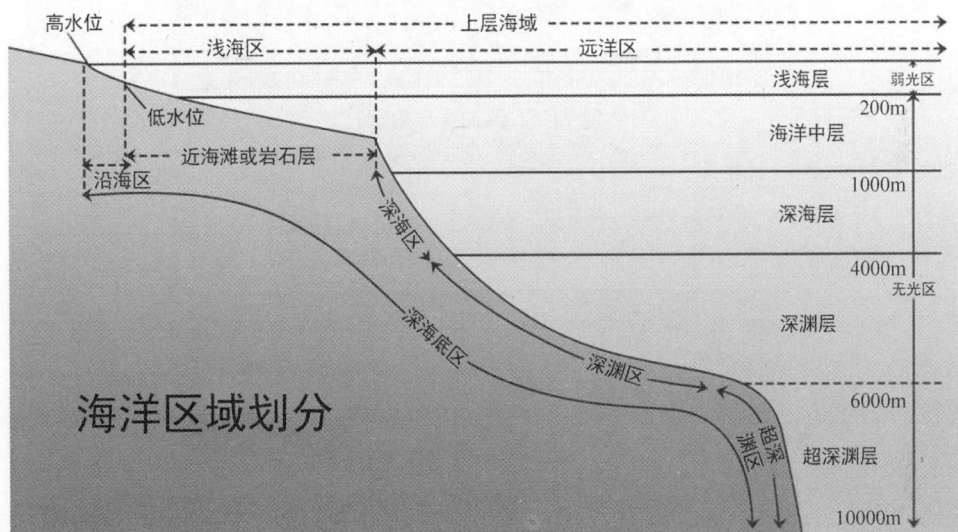

图 17-1　海水深度温度关系示意图

连云港市地处我国万里海疆中部、江苏省东北端,是新亚欧大陆桥东桥头堡、全国首批沿海开放城市、重点海港城市和优秀旅游城市。同时,连云港也是一个拥有综合集疏运条件的著名港口城市。连云港所在海域黄海面积约 $3.8 \times 10^5 \text{km}^2$ 千米,平均深度90m。黄海的水温年变化小于渤海,为 $15 \sim 24$℃。得天独厚的地理条件造就了连云港拥有丰富的海水渔业、养殖业等相关产业。因此,对海水深度、温度的分析探测,对于沿海周边人们的生产生活具有重要意义。

17.2　相关知识

本案例实践涉及 Pandas 数据处理库、Matplotlib 数据可视化库、模拟海水深度温度关系所需要的数据集等基本知识,下面将分别进行介绍。

1. 安装第三方库

本案例需要用到 Pandas、Matplotlib 第三方库。若未正确安装，则导入时将出现错误提示：

```
ModuleNotFoundError: No module named 'pandas'
ModuleNotFoundError: No module named 'matplotlib'
```

安装时，在 cmd 命令行窗口输入命令：pip install+要安装的模块名称。

(1) 安装 Pandas 库。

命令：pip install pandas。

安装 Pandas 库如图 17-2 所示(已安装成功)。

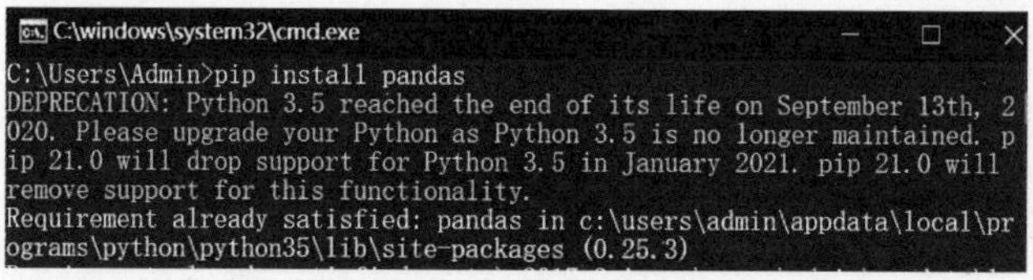

```
C:\windows\system32\cmd.exe
C:\Users\Admin>pip install pandas
DEPRECATION: Python 3.5 reached the end of its life on September 13th, 2
020. Please upgrade your Python as Python 3.5 is no longer maintained. p
ip 21.0 will drop support for Python 3.5 in January 2021. pip 21.0 will
remove support for this functionality.
Requirement already satisfied: pandas in c:\users\admin\appdata\local\pr
ograms\python\python35\lib\site-packages (0.25.3)
```

图 17-2 Pandas 库安装

(2) 安装 Matplotlib 库。

命令：pip install matplotlib。

安装 Matplotlib 库如图 17-3 所示(已安装成功)。

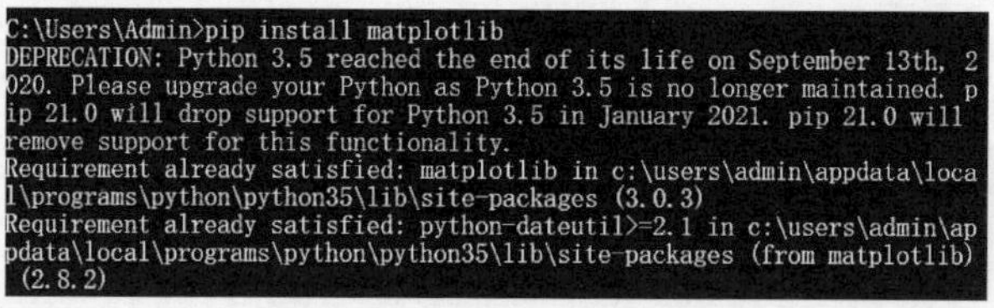

```
C:\Users\Admin>pip install matplotlib
DEPRECATION: Python 3.5 reached the end of its life on September 13th, 2
020. Please upgrade your Python as Python 3.5 is no longer maintained. p
ip 21.0 will drop support for Python 3.5 in January 2021. pip 21.0 will
remove support for this functionality.
Requirement already satisfied: matplotlib in c:\users\admin\appdata\loca
l\programs\python\python35\lib\site-packages (3.0.3)
Requirement already satisfied: python-dateutil>=2.1 in c:\users\admin\ap
pdata\local\programs\python\python35\lib\site-packages (from matplotlib)
 (2.8.2)
```

图 17-3 Matplotlib 库安装

2. Pandas 数据处理库

Pandas 是一个功能强大的 Python 库，主要用于数据处理和分析。Pandas 为用户提供了简单且高效的数据结构，如 Series(一维标记数组)和 DataFrame(二维标记数据结构)，可以轻松处理和操作结构化数据。

Pandas 库具有以下特点和功能。

(1) 数据结构。Pandas 的核心数据结构是 Series 和 DataFrame。Series 类似于一维数组，可以存储不同类型的数据，并带有标签索引。DataFrame 是一个二维表格，可以存储多种类型的数据，并且具有灵活的行和列标签。

(2) 数据清洗。Pandas 提供了各种方法和函数，用于处理缺失值、重复数据、异常值等数据清洗任务。用户可以使用 Pandas 轻松删除、填充或替换缺失值，去除重复行，以及处理异常值。

(3) 数据选择和过滤。Pandas 提供了灵活的方法，用于选择和过滤数据。用户可以使用标签索引、位置索引、布尔索引等方式选择行和列，还可以使用条件语句过滤数据。

（4）数据转换和操作。Pandas 支持各种数据转换和操作，如排序、合并、拆分、重塑和透视等。用户可以使用 Pandas 来对数据进行排序、合并多个数据集、拆分数据集为多个子集，以及对数据进行重塑和透视操作。

（5）数据统计和聚合。Pandas 提供了丰富的统计和聚合函数，用于计算数据的统计特征和汇总信息。用户可以使用 Pandas 轻松计算均值、中位数、标准差、最大值、最小值等统计指标，还可以对数据进行分组和聚合操作。

Pandas 是数据科学和机器学习领域中广泛使用的工具，它简化了数据处理和分析的过程，为用户提供了高效且灵活的数据操作功能。

3. Matplotlib 数据可视化库

Matplotlib 是一个用于创建各种类型的数据可视化的 Python 库。Matplotlib 可用于绘制折线图、散点图、柱状图、饼图、热图、3D 图形等。另外，Matplotlib 还提供了丰富的参数设置，用户可以自定义图形的外观和样式。使用 Matplotlib 创建一个简单的折线图的代码如下：

```
import matplotlib.pyplot as plt
# 创建数据
x = [1, 2, 3, 4, 5]
y = [1, 4, 9, 16, 25]
# 绘制折线图
plt.plot(x, y)
# 添加标题和坐标轴标签
plt.title("Square Numbers")
plt.xlabel("x")
plt.ylabel("y")
# 显示图形
plt.show()
```

其中，x 轴表示数字，y 轴表示数字的平方。用户可以根据自己的需求进行自定义，如添加网格线、改变线条颜色、调整坐标轴范围等。Matplotlib 还提供了其他类型的图形绘制函数和参数设置，用户可以根据需要探索更多功能和用法。

4. 模拟海水深度温度数据集

为了模拟海水深度温度关系图，需要依据连云港海域的海水深度、温度的相关数据。黄海的平均深度 90m，水温常年为 15～24℃左右。根据海水深度与温度变化可构造出相应的数据集。数据集包含深度（Depth）、温度（Temperature）。最后，将所构造的数据集处理转换为 CSV 格式文件。所构建的模拟数据集部分数据如图 17-4 所示。

Depth	Temperature
1	24
2	23.9
3	23.8
4	23.7
5	23.6
6	23.5
7	23.4
8	23.3
9	23.2
10	23.1
11	23
12	22.9

图 17-4   部分模拟数据集

17.3   案例设计

本案例需综合地理方面的知识、组合数据类型和绘图等多方面知识，并利用 Python 第三方库绘制海水深度与温度的关系图。

本案例的设计过程包括以下 6 个步骤。

（1）库导入。导入引用 Pandas 库、Matplotlib 库。

（2）读取数据集。读取模拟连云港海域的海水深度、温度关系图。

（3）提取数据。从数据集里提取出连云港海域的海水深度、温度数据。

（4）构建图形。根据提取出的数据构建数据图形，所构建的图形包括直方图、折线图及海水深度温度分类饼图。

（5）设置图形标题和坐标轴标签。设置图形的标题信息和坐标轴信息，并对颜色、大小等图形信息进行定义。

（6）图形绘制。通过画图命令生成对应的数据图形。

下面按步骤进行详细描述。

1. 库导入

导入绘图所需用到的第三方库：Pandas、Matplotlib，代码如下：

```
import pandas as pd                    # 导入 Pandas
import matplotlib.pyplot as plt        # 导入 Matplotlib
```

2. 读取数据集

由于连云港海域所属的黄海范围海水平均深度 90m、水温常年为 15～24℃，因此在构建模拟数据集时可假设最深处温度为 15℃左右、最浅处温度为 24℃左右。所构建的模拟数据集以 ocean_data.csv 命名（在实现过程中也可根据实际情况对数据集进行修改完善）。读取数据集代码如下：

```
data = pd.read_csv('ocean_data.csv')   # 读数据集
```

3. 提取数据

提取数据集中的海水深度、温度信息。另外，也可以对数据集读取行数进行控制，从而精确了解某片海域的深度、温度关系。假设读取前 90 行海水深度、温度数据，代码如下：

```
print(data.head(90))                   # 读取前 90 行数据
```

4. 构建图形

根据所提取的数据，利用绘图工具对数据图形进行绘制。为了呈现数据的不同特点及关系，此处可通过直方图、折线图、关系饼图进行数据绘制。

绘制直方图代码如下：

```
plt.hist(data['Depth'], bins = 20)     # 绘制直方图
```

同时，也可对直方图中线型及其颜色进行自定义，代码如下：

```
plt.hist(data['Depth'], bins = 20, color = 'green', edgecolor = 'white')   # 定义直方图线形和颜色
```

其次,也可通过绘图工具绘制海水深度温度关系的折线图,代码如下:

```
plt.plot(data['Depth'], color = 'red')    #绘制折线图
```

另外,也可针对海水的深度进行分类,并利用饼图来表示海水深度、温度的占比关系,代码如下:

```
shallow = data[data['Depth'] <= 20].shape[0]                          #定义浅水深度
medium = data[(data['Depth'] > 20) & (data['Depth'] <= 50)].shape[0]  #定义中间水深度
deep = data[data['Depth'] > 50].shape[0]                              #定义深水深度
#利用三种颜色表示深度、温度的占比关系
plt.pie(sizes, labels = labels, autopct = '%1.1f%%', startangle = 140, colors = ['blue',
'green', 'red'])
```

最后,可利用代码绘制海水深度、温度之间的关系散点图,代码如下:

```
plt.scatter(data['Depth'], data['Temperature'], alpha = 0.6)    #绘制深度、温度之间的关系散点图
```

5. 设置图形标题和坐标轴标签

利用绘图库中的功能函数对所绘制的图形进行标题和坐标轴信息定义,代码如下:

```
#直方图 1
plt.xlabel('Depth (m)')
plt.ylabel('Count')
plt.title('Distribution of Ocean Depths')
#直方图 2
plt.title('Distribution of Ocean Depths')
plt.xlabel('Depth (m)'); plt.ylabel('Frequency')
#折线图
plt.title('Distribution of Ocean Depths')
plt.xlabel('Count'); plt.ylabel('Depth (m)')
#饼图
sizes = [shallow, medium, deep]
labels = ['Shallow (0 - 20m)', 'Medium (20 - 50m)', 'Deep (>50m)']
plt.title('Distribution of Ocean Depths')
#散点图
plt.xlabel('Depth (m)')
plt.ylabel('Temperature (℃)')
plt.title('Depth vs. Temperature')
```

6. 图形绘制

利用 Mathplotlib 提供的画图功能对图形进行绘制,代码如下:

```
plt.show()
```

所绘制出的连云港海域海水深度与温度关系图如图 17-5 所示。从图中可知,连云港近海海域的海水深度为 1~90m,并随着海水深度的增加温度也呈线性降低。同时,海水温差为 9℃左右(最低 15℃、最高 24℃左右),因此连云港海域海水温差不大,温度受深度的影响也较低。另外,从图中也可知连云港近海海域较深海水(>50m)占比约 44.4%、浅海水占比约 22.2%(小于 20m),因此连云港海域的海水深度也较为适中。从分析结果总结可知,

连云港近海海域的海水温度、深度变化不大,因此适合开发海洋牧场、近海养殖产业,条件得天独厚。

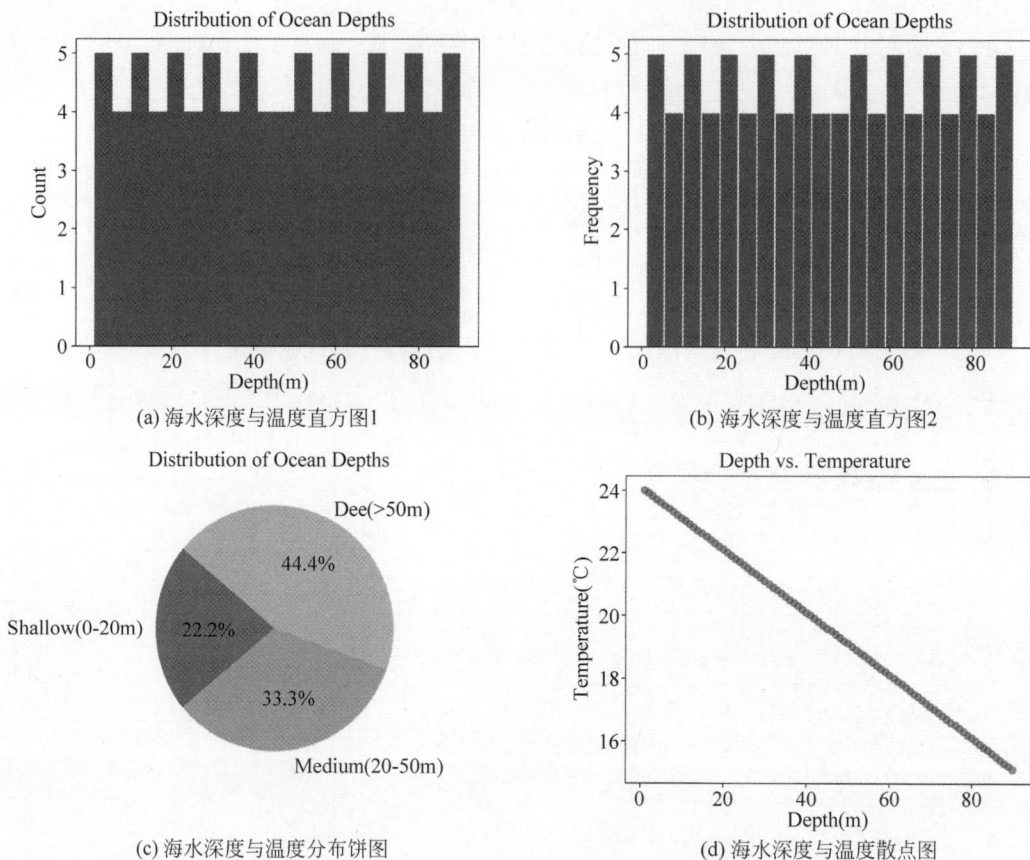

(a) 海水深度与温度直方图1

(b) 海水深度与温度直方图2

(c) 海水深度与温度分布饼图

(d) 海水深度与温度散点图

图 17-5　连云港海域海水深度与温度关系图

🔑 17.4　案例结语

本例涉及的 Python 知识包括 Pandas 库、Matplotlib 绘图等。具体的函数或方法包括 read()、hist()、plot()、pie()、scatter()等相关函数。

重点：数据集中数据的提取及图形绘制。

难点：绘制模拟不同类型的数据图。

使用 Python 进行图形绘制常用的函数及其用途总结。

（1）plt.plot(x,y,'函数名称')绘制折线图或曲线图。例如,plt.plot(x, y, 'r--')将绘制红色虚线。

（2）plt.scatter(x,y)绘制散点图。例如,plt.scatter(x, y,color='blue', marker='o')将绘制蓝色圆形散点图。

（3）plt.bar(x, y)绘制柱状图。例如,plt.bar(x, y, color='green')将绘制绿色柱状图。

（4）plt.pie(x)绘制饼图。例如,plt.pie(x, labels=labels, colors=colors)将绘制带有标签和颜色的饼图。

（5）plt.hist(x)绘制直方图。例如,plt.hist(x, bins＝10, color＝'purple')将绘制紫色的直方图。

（6）plt.imshow(image)显示图像。例如,plt.imshow(image, cmap＝'gray')将显示灰度图像。

以上只是一些常见的函数,还可以通过使用 Matplotlib 库中的其他函数和参数进行更高级的图形绘制。

拓展：

Python 绘图功能不仅能绘制平面图形,还可以绘制 3D 图形。例如,可通过以下代码绘制一个基本的 3D 图形。该段代码创建了一个 3D 图形,并绘制了一个以 sin()函数为高度的曲面。绘制的 3D 图形如图 17-6 所示。通过调整数据和设置轴标签、标题等属性,还可以绘制不同的 3D 图形,代码如下：

```python
import numpy as np
import matplotlib.pyplot as plt
from mpl_toolkits.mplot3d import Axes3D
# 创建数据
x = np.linspace(-5, 5, 100)
y = np.linspace(-5, 5, 100)
X, Y = np.meshgrid(x, y)
Z = np.sin(np.sqrt(X ** 2 + Y ** 2))
# 创建图形对象和 3D 坐标轴
fig = plt.figure()
ax = fig.add_subplot(111, projection = '3d')
# 绘制 3D 曲面
ax.plot_surface(X, Y, Z)
# 设置图形属性
ax.set_xlabel('X')
ax.set_ylabel('Y')
ax.set_zlabel('Z')
ax.set_title('3D Surface Plot')
# 显示图形
plt.show()
```

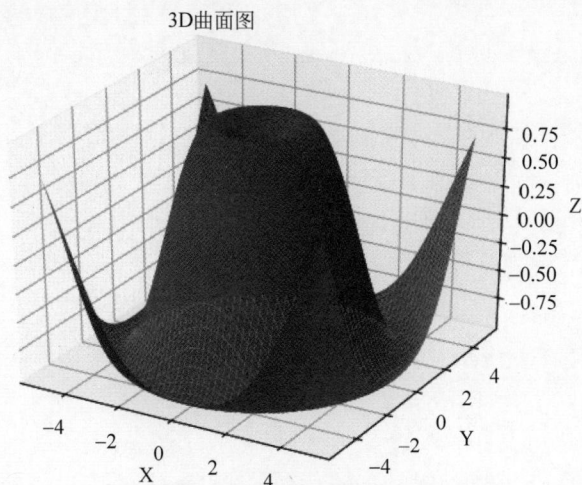

图 17-6　基本的 3D 图形绘制

第 *18* 章

连云港旅游线路图绘制

CHAPTER *18*

Q 18.1　案例简介

　　连云港市,古称"海州",江苏省地级市,全国性综合交通枢纽,"一带一路"交会点强支点城市。连云港市的主要景点包括:花果山、云龙涧、孔雀沟、月牙岛、石棚山、西双湖、温泉镇、青松岭、羽山、石梁河水库、抗日山、文峰塔(响铃塔)、琴岛天籁等。本案例设计一条起点花果山、终点琴岛天籁的旅游线路,并绘制包括上述景点的旅游路线图,如图 18-1 所示。

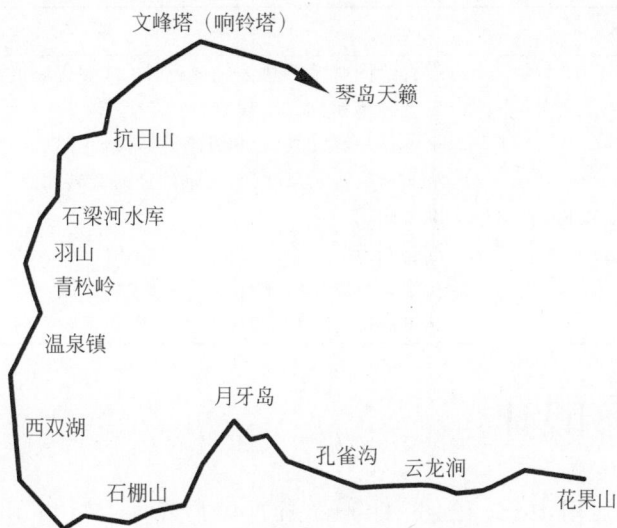

图 18-1　绘制旅游线路示意图

Q 18.2　相关知识

　　本案例中涉及 turtle 绘图、Tkinter 标准图形界面、Matplotlib 数据可视化库、OpenGL 绘图等相关知识点,turtle 绘图函数参见本书第 1 章的表 1-1 和表 1-2,表 18-1、18-2 所示分别介绍 Tkinter 和 Matplotlib 可视化函数、OpenGL 画图函数。

表 18-1　Tkinter 和 Matplotlib 可视化函数列表

函 数 示 例	说　　明
root=tkinter. Tk()	创建 Tkinter 主窗口
root. geometry('800×600')	窗口尺寸:宽、高
root. title("旅游路线图")	设置窗口标题
frm = tkinter. Frame(root, highlightbackground = "blue", highlightthickness=2)	绘制蓝色边框的框架 frm,边框厚度为 2 像素
frm. pack(side='bottom')	自适应布局,靠底
var1=tkinter. StringVar()	创建 Tkinter 的字符串变量
l=tkinter. Label(frm,⋯.)	为 frm 创建一个标签
b=tkinter. Button(master=frm1,⋯.)	为 frm 创建一个按钮
plt. title("标题")	plot 图标题

函 数 示 例	说　明
f＝plt. figure(figsize＝(a, b), dpi＝100)	设置图形(宽,高,每英寸的点数)
a＝f. add_subplot(111)	♯添加子图:1 行 1 列第 1 个
a. plot(_x, _y)	依据横坐标列表_x,纵坐标列表_y 绘制曲线图
annotate(NameStr,xy＝(x1,y1),xytext＝(x1＋0.1,y1＋0.1))	在(x1,y1)处标注 NameStr,(x1＋0.1,y1＋0.1)表示相对 xy 偏移(0.1,0.1)

表 18-2　OpenGL 绘图函数列表

函 数 示 例	说　明
glColor3f(0.0, 0.0, 1.0)	设置绘图画笔颜色为纯蓝色,RGB 颜色取值范围是 0.0～1.0
glPointSize(3.0)	设置画笔粗细为 3 像素
glTranslatef(x,y,0)	坐标系平移变换,z 不变,平移到(x,y,0)
glRotatef(a,0,0,1)	绕 z 轴旋转 a 角度(与 x 轴的逆时针转角)
glBegin(GL_LINE_LOOP)	准备画闭合线
glBegin(GL_POINTS)	准备画点
glVertex2f(x,y)	指定某点的二维坐标
glEnd()	结束(glBegin 开始的)绘制

🔑 18.3　案例设计

本案例需综合运用 turtle 绘图、Tkinter 标准图形界面、Matplotlib 数据可视化库、OpenGL 绘图进行旅游线路图的绘制,案例的设计过程包括 6 部分。

(1) 线路数据结构。

(2) 坐标变换函数和角度计算函数。

(3) turtle 绘制旅游线路。

(4) Plot 绘制在 Tkinter 中。

(5) Plot 绘制旅游线路。

(6) Tkinter 界面创建。

在后面"拓展 2"中主要介绍 OpenGL 绘制所用库的引用、参数直线。下面将分别介绍上述各个步骤的程序实现方法。

1. 线路数据结构

线路数据结构包括 43 个线路交叉点的线路二维数组、关键交叉点的地名一维数组,代码如下:

```
import numpy as np
PI = np.pi                    ♯ 3.1415926
CrossNum = 43                 ♯ 道路段交叉点, 共 43 个
roadCross = np.array([[577,403],[533,395],[500,411],[480,413],[463,407], \
                   [438,407],[410,409],   \
                   [375,397],[355,389],[341,368],[326,370],[311,351],[296,343],[286,317],\
    [273,323],[257,336],[233,345],[257,353],[278,336],[284,364],[295,386],[279,422], \
```

```
                        [239,438],[201,433],[165,453],[153,411], \
                        [149,367],[146,319],   \
                        [155,296],[168,268],     \
                        [165,253], \
                        [155,228],        \
                        [167,193], [180,174],[183,141],[195,129],   \
                        [217,123],          \
                        [222,102],[245,80],[287,54],[291,33],[313,30], \
                        [343,49]]   )
CrossName = np.array(["花果山","","","","","云龙洞","", \
"孔雀沟","","","","","","","月牙岛","","","","","","","", \
"石棚山","","","","西双湖","","温泉镇","","","青松岭", "羽山", \
"石梁河水库","","","","抗日山","文峰塔(响铃塔)","","","","," 琴岛天籁"])
```

2. 坐标变换函数和角度计算函数

线路数据结构中的坐标原点在左上角,需要变换到原点在中心的坐标系中。turtle 和后面的 OpenGL 需要计算前后点连线的角度,代码如下:

```
def zhwen(ts):                          #适合中文显示,不乱码
    return ts.encode('gbk')             #中文编码
def sps(s):
    global helloStr
    helloStr = zhwen(s)
def drawPixel(x, y, drawxySwap):
    glBegin(GL_POINTS)
    if drawxySwap == 0:
        glVertex2f(x, y)                #正常以(x,y)画点
    else:
        glVertex2f(y, x)                #以(y,x)画点
    glEnd()
#计算 P1P2 与 x 轴的夹角
def angle(x1,y1,x2,y2):                 #P1(x1,y1);P2(x1,y1)
    dx = x2 - x1
    dy = y2 - y1
    L = np.sqrt(dx * dx + dy * dy)
    if L == 0:
        a = 0
    else:
        a = np.arcsin(dy/L)/PI * 180     #计算线段角度
    if x2 < x1:
        a = 180 - a
    return a
```

3. turtle 绘制旅游线路

主要思路:循环每个交叉点,计算前后交叉点连线的角度,调整光标方向,行进所计算的距离,在需要的地方显示地名,代码如下:

```
#旅游线路绘制函数
def turtleChangzheng():
turtle.setup(660,600,10,10)                        # turtle.setup(width,height,startx,starty)
turtle.delay(0)                                    #绘图延迟为 0
turtle.pensize(5)                                  #画笔粗细
turtle.color('red')                                #画笔颜色
x0 = tx(roadCross[0][0])
y0 = ty(roadCross[0][1])
turtle.penup()
turtle.goto(x0,y0)                                 #到达第一个点
turtle.pendown()
for i in range(CrossNum - 1):
    if len(CrossName[i])> 0:                       #若有地名则显示地名
        turtle.color('blue')
        turtle.write(CrossName[i],font = ('宋体',8,'normal'))
        turtle.color('red')
    x1 = tx(roadCross[i + 1][0])
    y1 = ty(roadCross[i + 1][1])
    a = angle(x0,y0,x1,y1)
    turtle.seth(a)                                 #设置当前点(x0,y0)到下个点(x1,y1)的角度
    d = math.sqrt((x1 - x0) ** 2 + (y1 - y0) ** 2) #两点距离
    turtle.forward(d)                              #由当前点前进到下个点
    x0 = x1                                         #更新当前点
    y0 = y1
turtle.color('blue')
turtle.write(CrossName[i + 1],font = ('宋体',8,'normal'))    #显示最后的地名
turtle.done()                                      #结束
```

4. Plot 绘制在 Tkinter 中

利用 tkplot()函数将一个图形 f 嵌入 master 窗口的 Canvas 中,从而 Plot 绘制在 Tkinter 中,代码如下:

```
#将绘制的图形显示到 Tkinter:创建属于 root 的 Canvas 画布,并将图 f 置于画布上
def tkplot(f, master):
    canvas = FigureCanvasTkAgg(f, master)
    canvas.draw()                                  #绘制
    canvas.get_tk_widget().pack(side = tkinter.TOP,    #上对齐
                        fill = tkinter.BOTH,           #填充方式
                        expand = tkinter.YES)          #随窗口大小调整而调整


root = tkinter.Tk()                                #创建 Tkinter 的主窗口
root.title("旅游路线图")
root.geometry('800 × 600')                         #窗口尺寸:宽、高

f = plt.figure(figsize = (5, 4), dpi = 100)
a = f.add_subplot(111)                             #添加子图:1 行 1 列第 1 个
```

5. Plot 绘制旅游线路

主要思路:将线路交叉点二维数组的 x,y 分别提取到两个列表中,plot 利用这两个列

表就可以连线作图,图中地名标注使用 annotate()函数,代码如下:

```
def plotChangzheng():                                    #路线图
    _x = [tx(roadCross[i][0]) for i in range(CrossNum)]   #线路点的横坐标列表
    _y = [ty(roadCross[i][1]) for i in range(CrossNum)]   #线路点的纵坐标列表
    try:
        for i in range(CrossNum):
            if len(CrossName[i])> 0:                       #若有地名
                x1 = tx(roadCross[i][0])
                y1 = ty(roadCross[i][1])
                #在(x1,y1)处标注地名,(x1 + 0.1,y1 + 0.1)表示相对 xy 偏移(0.1,0.1)
                a.annotate(CrossName[i],xy = (x1,y1),xytext = (x1 + 0.1,y1 + 0.1))
    except:
        print('hello')
    a.plot(_x, _y)                                         #依据横坐标列表_x、纵坐标列表_y 绘制曲线图
    tkplot(f, root)                                        #图显示在 Tkinter 窗口中
```

6. Tkinter 界面创建

Tkinter 界面包括两个框架、一个标签、两个按钮。按钮与对应的绘制函数绑定,标签通过 var1 显示"人在旅途(李百合)"的七律励志诗句,代码如下:

```
frm = tkinter.Frame(root,highlightbackground = "blue", highlightthickness = 2)    #蓝色边框的框架
frm.pack(side = 'bottom')        #创建一个框架容器 frm,准备放置:一个标签和一个框架 frm1
var1 = tkinter.StringVar()       #创建 Tkinter 的字符串变量
#创建一个显示七律诗句的标签,并与 var1 关联内容;#FFD700 是金色.
l = tkinter.Label(frm, bg = 'SlateGray',fg = '#FFD700', width = 40, font = ('楷体',16),
textvariable = var1)
l.pack(side = 'left')            #自适应布局这个标签
var1.set('淑景沿途款款来,人文合一乐悠哉.\n' + \
         '峰高遣兴寰中酿,路险频游足下猜.\n' + \
         '入画添诗倾圣迹,延年唤梦泛红埃.\n' + \
         '追新致远恩仇忘,体验非凡眼界开.')
frm1 = tkinter.Frame(frm)        #创建一个框架容器 frm1,准备放置:两个按钮
frm1.pack(side = 'right')        #布局在 frm 中的右边
#创建一个按钮,并把上面 plotChangzheng()函数绑定过来
button = tkinter.Button(master = frm1, text = "plot 旅游线路图", command = plotChangzheng)
#按钮放在上边
button.pack(side = 'top')
#创建一个按钮,并把上面 turtleChangzheng()函数绑定过来
buttonk = tkinter.Button (master = frm1, text = " turtle 旅 游 线 路 图 ", command =
turtleChangzheng)
#按钮放在下边
buttonk.pack(side = 'bottom')
root.mainloop()                  #消息事件循环
```

🔑 18.4　案例结语

本案例主要涉及的 Python 知识包括 Matplotlib 数据可视化、turtle 绘图、Tkinter 可视化界面、NumPy 数组等。主要函数有:画图函数 plot()和标注函数 annotate(),turtle 的颜

色、线条、角度、行进函数等。

重点：NumPy 一维、二维数组的初始化。

难点：Plot 绘制在 Tkinter 中。

拓展 1（旅游铭志）：

连云港市赣榆区文峰塔又名"响铃塔"，位于赣马镇城里村东北角，系清朝光绪二十七年知县徐树锷建。在古代的传说中，状元乃是文曲星下凡，各地为祭祀文曲星，纷纷建起文峰塔。

赣榆区的文峰塔为砖木结构，八角四层，阁楼式，高 14.2m，各层为琉璃瓦檐，下挂铜铃，门窗为砖拱成洞，无棂。底层塔门上方镶一块塔铭。塔铭三尺长，一尺高，如图 18-2 所示。

图 18-2   连云港市赣榆区文峰塔

光绪二十七年（1901 年），赣榆知事徐树锷对文教事业颇为重视，他发现赣榆 1882 年以来竟无一人中举。为改变当地文化落后现状，并鼓励后人，他亲自主持兴建此塔，取名"文峰"。文峰塔又称为"铭志塔"。

拓展 2（**OpenGL** 绘制旅游线路图）：

（1）OpenGL_绘制旅游线路图_导入。

OpenGL（Open Graphics Library，"开放式图形库"）是用于渲染 2D、3D 矢量图形的跨语言、跨平台的应用程序编程接口（API）。OpenGL 函数库相关的 API 有核心库（gl）、实用库（glu）、辅助库（aux）、实用工具库（glut）、windows 扩展库（wgl）等。在使用 OpenGL 之前需要导入其中主要的库，代码如下：

```
# 导入 OpenGL 库
import OpenGL
from OpenGL.GL import *
from OpenGL.GLU import *
from OpenGL.GLUT import *
from OpenGL.WGL import *
```

（2）OpenGL_绘制旅游线路图_参数直线。

标志沿着旅游线路移动的动画，需要线路上的每个点的坐标，即两个交叉点之间需要插值或拟合出连续的点，利用参数方程就可以算出来，应该避免使用 y＝f(x) 的形式计算坐标点。关于直线的参数方程需要把握如下 4 点。

① 假定用 t 表示参数,二维平面上任意一点 P 可表示为:

$$P(t) = [\ x(t), y(t)]$$

② 参数曲线一般可以写成:

$$P = P(t), t \in [\ 0, 1]$$

③ 已知端点为 P_1、P_2 的直线段参数方程可表示为:

$$P(t) = P_1 + (P_2 - P_1)t$$

④ 二维坐标的分量式:

$$x(t) = x_1 + (x_2 - x_1)t$$
$$y(t) = y_1 + (y_2 - y_1)t$$

实际画线编程时,在已知 $P_1(x_1, y_1)$ 和 $P_2(x_2, y_2)$ 的情况下,按照直线的参数方程可以从 P_1 到 P_2 连续计算出一系列的点。t 从 0 变化到 1,步长决定了线段上点的密集程度。

第 *19* 章

港口物流记录管理

CHAPTER *19*

⚷ 19.1　案例简介

现代物流是经济全球化的产物,也是推动经济全球化的重要服务业。物流是指商品从供应开始经各种中间环节到达消费者手中的服务活动,包括运输、仓储、包装、搬运装卸、流通加工、配送以及相关的物流信息等诸多环节。港口从古至今历来都是境内外贸易的重要中转站,港口物流兼具商流、物流、信息流、资金流的综合流通功能。

货场是港口的重要组成部分之一,主要作用是方便货物贮存、集运,加速车船周转,提高港口通过能力和保证货运质量。船舶驶入码头、泊位、锚地(停泊区)、装卸站进行货物装卸。货运中心受理货物提货,并明确提货单位、货名、数量和车辆号码等,如图 19-1 所示。

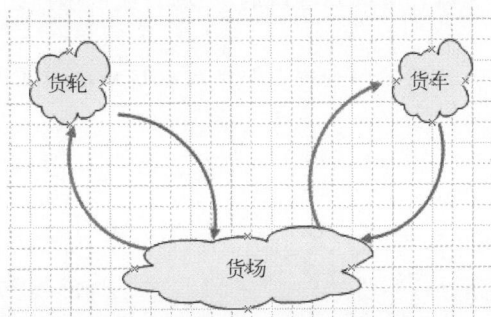

图 19-1　港口货物进出业务示意图

限于本书的学习基础,本案例只是立足于货物的港口货场进出记录管理。

在用计算机进行货物进出记录管理时,针对一批货物,必须确保进出数据的完整性,这需要三个基本模块:记录单文件管理模块、进货记录管理模块和出货记录管理模块。管理的核心是记录清单,内容包括:货物编号、货物名、货物总量、计量单位、货场仓位号、来源方、目的方、来源方运载工具、目的方运载工具、进货记录、出货记录、存量、已进量、已出量、待进量。进货记录条目包括日期时间、进量、运载工具牌号,出货记录条目包括日期时间、出量、运载工具牌号。货物进出港口货场的记录清单的格式模板文件与管理模块,如图 19-2 所示。

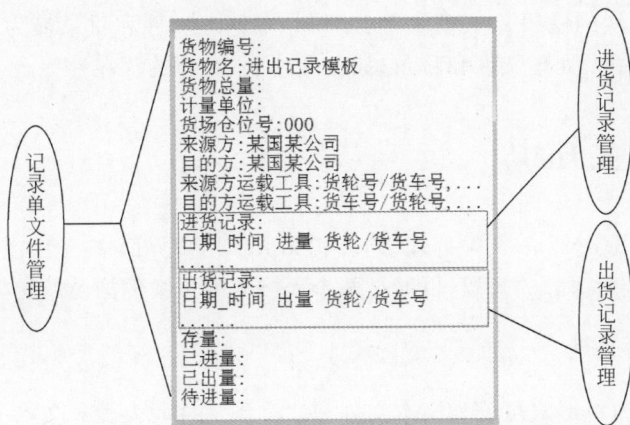

图 19-2　港口货物进出记录单管理模块示意图

在明确记录清单的格式和三个基本模块后,港口货场物流管理的具体设计功能包括:

(1) 货物单的创建、删除、编辑和保存。

(2) 进货记录的输入添加、删除和修改。

(3) 出货记录的输入添加、删除和修改。

(4) 记录清单、进货记录流和出货记录流的输出显示。

1. 问题描述

一个港口有多个货场,每个货场可能会划分出多个区域存放不同订单的货物。货场的进出管理是港口的核心管理之一,需要关注货物从哪里进港、如何进来、运到哪里、如何出港等方面。

(1) 进口货物。货轮从海外运载到港口的货场,订购的国内公司使用货车等交通工具将货物运到公司。

(2) 出口货物。国内公司使用货车等交通工具将货物运到港口的货场,货轮从港口运到海外。

2. 案例预期效果

(1) 界面窗口化,便于用户操作。

(2) 记录进货和出货情况。

(3) 货物的进出情况逐个记录到清单中,便于保存和查阅。

(4) 清单中有总量、已进量、已出量、存量、待进量的统计。

(5) 记录清单可以创建、添加、删除。

(6) 记录清单的条目可以创建、添加、删除。

3. 案例教学目标

(1) 掌握 Tkinter 的 GUI 图形用户界面设计。Tkinter 是 Python 标准 GUI 库,包括 Button(按钮)、Label(标签)、Entry(文本输入框)、Listbox(列表框)、Text(文本)等控件。

(2) 掌握列表的使用。切片、插入、添加、删除等。

(3) 掌握文件的使用。创建、读取、写入、关闭。

(4) 掌握 os 模块的使用。os 模块是 Python 中整理文件和目录最为常用的模块,提供了非常丰富的方法用来处理文件和目录,如文件列表、文件的存在性等。

🔑 19.2　相关知识

本案例主要涉及 Python 文件处理、列表、Tkinter 用户界面、os 模块与操作系统文件和目录。首先,介绍这四部分的知识,再通过两个表格罗列本案例涉及的相关函数。

1. Python 文件处理

按文件中数据组织形式可分为文本文件和二进制文件两大类。文本文件是一种由若干行字符构成的计算机文件,主要用于存储文本信息,其扩展名通常是.txt,能用记事本正常打开。

（1）文件操作分为打开、处理、关闭三步。示例代码如下：

```
f = open('abc.txt', 'r')        ♯打开文本文件读
data = f.read()                 ♯读出文件中的所有内容,赋值给 data
f.close                         ♯关闭文件
```

（2）打开文件的方式有以下四种。

① "r"：读取（默认值）。打开文件进行读取，如果文件不存在则报错。

② "a"：追加。打开供追加的文件，如果不存在则创建该文件。

③ "w"：写入。打开文件进行写入，如果文件不存在则创建该文件。

④ "x"：创建。创建指定的文件，如果文件存在则返回错误。

（3）指定文件有以下两种模式进行处理。

① "t"：文本（默认值）。文本模式。

② "b"：二进制。二进制模式（例如图像）。

因为 "r"（读取）和 "t"（文本）是默认值，所以无须指定。

2. Python 列表

列表 List 是一种数据类型，它由一组有序的元素组成。支持字符、数字、字符串，还可以包含列表，即列表中有列表、嵌套，元素间用逗号进行分隔。列表用[]进行标识。

（1）列表的定义。

① 定义一个空列表：list1 = [] 或 list2 = list()。

② 定义一个有学生信息的列表：list3 = ['张三',19,'男','连云港']。

（2）列表的访问。

列表是有序的集合，要访问其中的元素，可以通过下标的方式进行访问（类似数组访问）。

① 下标从 0 开始，最长不超过 len(list)−1。

② 可以通过"切片操作"截取列表元素。

（3）列表的连接与重复操作。

① 加号（＋）是列表连接运算符，如 list3 = list1 ＋ list2,标识连接两个列表。

② 星号（＊）是重复操作：print(list1 ＊ 3),指的是 list1 的内容输出三次。

（4）列表的常用方法如下。

① list1.append(var)：追加元素。

② list1.insert(index,var)：在指定位置 index 插入元素 var。

③ list1.pop(k)：删除指定位置 k 的元素。

④ list1.remove(var)：删除第一次出现的元素 var。

⑤ list1.count(var)：统计元素 var 在列表中出现的个数。

⑥ list1.index(var)：找出元素 var 在列表中的位置，无则抛出异常。

⑦ list1.extend(list2)：追加 list2,即合并 list2 到 list1 上。

⑧ list1.sort()：排序。

⑨ list1.reverse()：反转。

（5）列表的复制有两种。

① 通过指向同一地址，使两个列表指向同一个内存地址，从而实现复制。

- list_stu1 = ['张三',19,'男','连云港']
- list_stu3 = list_stu1：两个列表指向同一个地址。
- list_stu3[0]='李四'：当一个列表修改元素值时，两个列表同时被修改。

② 将列表的元素复制给另一个列表，且两个列表间的元素互不影响。

- list_stu1 = ['张三',19,'男','连云港']
- list_stu3 = list_stu1[:]：将所有元素赋给另一个列表。
- list_stu3[1] = 18：当修改一个列表的值时，另一个列表的元素不受影响。

3. Tkinter 制作用户界面

（1）通过一个简单示例了解 Tkinter 制作用户界面，代码如下：

```
import tkinter                                            #导入模块
win = tkinter.Tk()                                        #创建窗口
win.title('连云港')                                        #设置窗口标题
win.geometry('300×200')                                   #设置窗口大小
lbl = tkinter.Label(win, text = 'hello', font = (None, 80))  #创建标签，设置标签文字、字体
lbl.pack()                                                #将组件放置在窗口上
win.mainloop()                                            #窗口事件循环执行
```

其运行效果如图 19-3 所示。

（2）放置组件有三种方法。

① pack()：按添加顺序排列组件。

② grid(row = i,column = j)：按行/列形式排列组件。

③ place(x = i,y = i)：按坐标形式排列组件。

图 19-3　Tkinter 制作的用户界面

4. os 模块操作与操作系统文件和目录相关的功能

示例代码如下：

```
import os
os.system('notepad.exe')                          #打开记事本功能
print(os.getcwd())                                #返回当前的目录路径
os.mkdir('abc')                                   #创建目录
os.makedirs('A/B/C')                              #创建多级目录
os.rmdir('abc')                                   #删除目录
os.removedirs('A/B/C')                            #删除多级目录
print(os.path.exists('hello.py'))                 #判断文件是否存在
print(os.path.join('D:\\Project','three.py'))     #将目录和文件名连接起来
print(os.path.split('D:\\Project\\first.py'))     #将目录和文件名分割开来
```

5．本案例涉及的相关函数

案例主要涉及 os 的文件列表、文件、列表、切片、Tkinter 界面。具体的系统函数或方法包括 open、read、write、split、join、index、append、eval、pop 等函数。自定义函数主要有 GetJldCnt（获取记录单数）、LoadDan（装入记录单）和 danUpdate（更新记录单）。所使用的函数见表 19-1 和表 19-2。

表 19-1　使用的常用函数或表达式

使用的函数或表达式	说　　明
os.path.exists('目录名\\'＋mc＋'.txt')	目录中是否存在 mc 的 TXT 文件
os.rename(s1,s2)	将文件 s1 重命名为 s2
[mc for mc in os.listdir(r'目录名\\')]	获取一个目录中的文件名列表
f ＝ open('目录名\\'＋'abc.txt', 'r')	打开文件读
data ＝ f.read()	读出文件中的所有内容，赋值给 data
f.write(data)	将 data 写入文件中
f.close	关闭文件
lst＝data.split('\n')	将 data 按行分割为列表赋值给 lst
newData＝'\n'.join(lst)	将 lst 的所有元素以换行符'\n'连接成一个文本 newData
lst1.append(s)	将 s 添加到 lst1 列表中
lst1.pop(k)	删除 k 元素
k＝lst1.index(s)	找到 s 的位置（次序号）k
lst1:＝lst[k1:k2]	从 k1 到 k2 的切片赋值给列表 lst1
lst[k1:k2]＝lst1	用 lst1 设置 lst 的 k1-k2 的切片部分
num＝eval(data)	data 是字符串，eval 转化为数值给 num
data＝str(num)	str 将数值 num 转化为字符串给 data
round(a,b)	将 a 四舍五入指定的小数 b 位

表 19-2　使用的窗口类函数列表

窗口函数和控件函数	说　　明
window ＝ tk.Tk()	创建一个窗口 window
window.title('窗口标题');	设置窗口标题
window.geometry('1000×600')	设置窗口大小
var0 ＝ tk.StringVar()	定义一个字符串变量 var0
lab0＝tk.Label(window, bg＝'silver', fg＝'red', font＝('宋体',14), textvariable＝var0)	创建 window 窗口中的一个标签 lab0，并关联 var0
lab0.place(x＝0, y＝10, width＝130, height＝40)	设置 lab0 的位置和大小
var0.set('标签文字')	通过 var0 设置标签 lab0 显示的文字
e0 ＝ tk.Entry(window)	创建 window 窗口中的一个输入框 e0
e0.delete('0','end')	清空输入框
e0.insert('end','插入文字')	输入框末尾插入文字
btn1＝tk.Button(window, text＝'确认', command＝danjibtn_click)	创建按钮，command 关联单击函数
txt0 ＝ tk.Text(window,font＝('宋体',14))	文本框（编辑框）的创建
txt0.delete('1.0','end')	清空文本框
txt0.insert('end','插入内容')	文本框末尾插入文字

续表

窗口函数和控件函数	说　　明
var1 = tk.StringVar() var1.set([]) liebiao1=tk.Listbox(window,font=('宋体',12), listvariable=var1)	定义一个字符串变量 定义一个列表框
lieb10.bind('<<ListboxSelect>>',listbox1_click)	列表框绑定单击函数
k=lieb10.curselection() value = lieb10.get(k[0])	可能选择多个,k[0]是选中部分的首个,获取列表 框的选中行的内容

19.3　案例设计

本案例是港口专业知识、Tkinter 图形界面、文件、列表的有机结合。进出港口的记录条目包括:时间、运载量、运载工具。如果还未学习数据库的相关知识,可以使用文本文件进行记录单的存储,文本处理也可以达到同样的效果。管理界面需要直观便于使用,如图 19-4 所示。

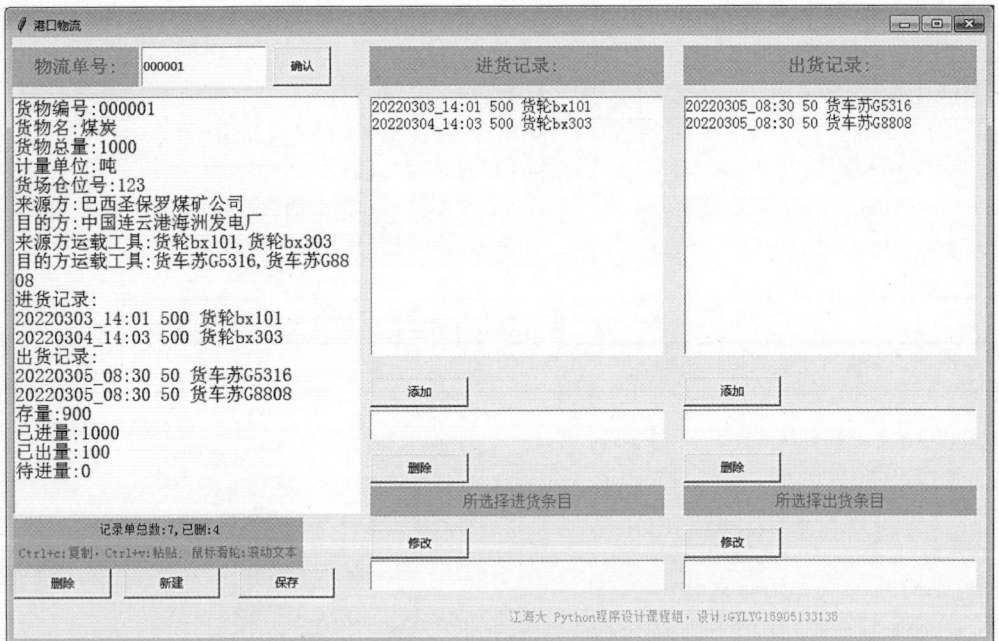

图 19-4　港口物流界面图

程序设计流程共有 12 个步骤。

(1) 导入 Tkinter 模块和 os 模块,定义 GetFilemcLst() 和 GetJldCnt() 函数。

(2) 定义进货列表 lst1 与出货列表 lst2,创建主窗口 window,创建标签 lab0(物流单号:),创建输入框 e0,用于输入物流单号。

(3) 定义 loadDan(DanHao) 装入进出单函数。

(4) 创建"确认"按钮及其单击关联函数,用于确认物流单号。

（5）创建物流清单文本框等、进货记录标签、出货记录标签、物流清单文本框、提示标签、记录单数目标签。

（6）创建记录单的"保存"按钮并关联其单击函数。

（7）创建记录单的"新建"按钮并关联其单击函数。

（8）进货记录单管理。进货列表框的创建，进货列表框单击事件绑定函数，进货列表框函数绑定，添加进货按钮，删除进货按钮，修改进货按钮。

（9）出货记录单管理。出货列表框的创建，出货列表框单击事件绑定函数，出货列表框函数绑定，添加出货按钮，删除出货按钮；修改出货按钮。

（10）定义更新记录单函数。

（11）创建记录单的"删除"按钮。

（12）窗口的事件循环执行。

1. 获取货物单列表和记录单数量

导入 Tkinter 模块和 os 模块，定义 GetFilemcLst（）和 GetJldCnt（）函数，其中 GetJldCnt()函数获取有效记录单总数目。

注意，统计记录单文件数目时，模板(00000.txt)、记录 ID(记录单数.txt)不计入。

```
import tkinter as tk
import os
def GetFilemcLst():                        #获取一个目录中的文件名列表
    return [filename for filename in os.listdir(r'连云港港口物流\\')]
def GetJldCnt():                           #该函数获取有效记录单总数目
    flst = GetFilemcLst()                  #获取记录单文件名列表
    num = len(flst) - 2                    #2 个不计入：模板(00000.txt)、记录 ID(记录单数.txt)
    d = 0                                  #d 用来统计记录单删除数
    for s in flst:                         #对于 flst 中的每个条目 s
        if '已删' in s: d += 1             #如果 s 中含有"已删"，则 d 加一个
    var_Cnt.set('记录单总数:' + str(num) + ',已删:' + str(d))
    #var_Cnt 与标签 lab_Cnt 关联
```

2. 创建主窗口和物流单输入框

定义进货列表 lst1 与出货列表 lst2，创建主窗口 window、标签 lab0（物流单号）、输入框 e0，用于输入物流单号。

注意，标签 lab0 通过其关联变量 var0 使用。

```
lst1 = []
lst2 = []
window = tk.Tk()                                      #创建一个窗口 window
window.title('港口物流'); window.geometry('1000x600')  #设置窗口标题和大小
var0 = tk.StringVar()                                 #定义一个字符串变量 var0
#创建 window 窗口中的一个标签 lab0,并关联 var0
lab0 = tk.Label(window, bg = 'silver',fg = 'red', font = ('宋体',14), textvariable = var0)
lab0.place(x = 0, y = 10, width = 130, height = 40)   #设置 lab0 的位置和大小
var0.set('物流单号:')                                 #通过 var0 设置标签 lab0 显示的文字
```

```
e0 = tk.Entry(window)                              #创建 window 窗口中的一个输入框 e0
e0.insert('end', '000001')                         #末尾插入'000001'
e0.place(x = 133, y = 10, width = 130, height = 40)  #设置 e0 的位置和大小
```

3. 加载进货和出货记录单

定义 loadDan(DanHao)加载进出单函数,读出文件中的所有内容,返回字符串赋值给 data。通过列表切片取出所有进货记录放入 lst1,取出所有出货记录放入 lst2。

注意,以 lst1 设置进货列表框,以 lst2 设置出货列表框。

```
def loadDan(DanHao):
    global lst1,lst2
    f = open('连云港港口物流\\' + DanHao + '.txt', 'r')
    data = f.read()                    #读出文件中的所有内容,返回字符串赋值给 data
    f.close
    txt0.delete('1.0','end')           #清空编辑框
    txt0.insert('end', data)           #将 data 插入文本编辑框
    lst = data.split('\n')             #将 data 按行分隔为列表赋值给 lst
    n = len(lst)                       #n 是 lst 的元素个数,即清单的行数

    for i in range(n):                 #针对每一行(lst 的每个元素)
        s = lst[i]                     #s 代表第 i 行(lst 的第 i 个元素)
        if '进货记录' in s: k1 = i      #k1 是'进货记录'所在的行号
        if '出货记录' in s: k2 = i      #k2 是'出货记录'所在的行号
        if '存量' in s: k3 = i          #k3 是'存量'所在的行号

    lst1 = lst[k1 + 1:k2]              #列表切片:取出所有'进货记录'→lst1
    lst2 = lst[k2 + 1:k3]              #列表切片:取出所有'出货记录'→lst2
    var10.set(lst1)                   #以 lst1 设置进货列表框,var10 与进货列表框关联
    var11.set(lst2)                   #以 lst2 设置出货列表框,var11 与出货列表框关联
    #"进货列表框"在"进货记录单管理"中定义
    #"出货列表框"在"出货记录单管理"中定义
```

4. 创建"确认"按钮

创建"确认"按钮,最终要调用 loadDan()函数来加载记录单。

注意,command 关联单击函数。

```
def danbtn_click():                                    #装入"确认"按钮单击的关联函数
    s = e0.get()        #e0 是图 19 - 4 左上的记录单号的输入框,其 get 方法取得内容
    if len(s)!= 0:                                      #若记录单号框中不空
        txt0.delete('1.0','end')                       #清空编辑框
        var10.set([]); var11.set([])                   #进货列表框和出货列表框清空
        if os.path.exists('连云港港口物流\\' + s + '.txt'):#记录单文件若存在
            loadDan(s)                                 #加载 s 号记录单
#创建装入"确认"按钮
danbtn = tk.Button(window, text = '确认', command = danbtn_click) #command 关联单击函数
danbtn.place(x = 270, y = 10, width = 60, height = 40)
```

5. 创建物流清单文本框等控件

创建进货记录标签、出货记录标签、物流清单文本框、提示标签、记录单数目标签。

```
#创建进货记录标签,见图 19-4 中上
var00 = tk.StringVar()
lab00 = tk.Label(window, bg = 'silver',fg = 'red', font = ('宋体',14), textvariable = var00)
lab00.place(x = 370, y = 10, width = 300, height = 40)
var00.set('进货记录:')

#创建出货记录标签,见图 19-4 右上
var01 = tk.StringVar()
lab01 = tk.Label(window, bg = 'silver',fg = 'red', font = ('宋体',14), textvariable = var01)
lab01.place(x = 690, y = 10, width = 300, height = 40)
var01.set('出货记录:')

#创建物流清单文本框,见图 19-4 左中
txt0 = tk.Text(window,font = ('宋体',14))
txt0.insert('end', '物流清单')
txt0.place(x = 0, y = 60, width = 360, height = 416)

#创建提示标签
var_0 = tk.StringVar()
lab_0 = tk.Label(window, bg = 'silver',fg = 'red', font = ('宋体',10), textvariable = var_0)
lab_0.place(x = 0, y = 500, width = 300, height = 30)
var_0.set('Ctrl + C:复制,Ctrl + V:粘贴; 鼠标滑轮:滚动文本')

#创建记录单数目标签
var_Cnt = tk.StringVar()
lab_Cnt = tk.Label(window, bg = 'silver',fg = 'blue', font = ('宋体',10), textvariable = var_
Cnt)
lab_Cnt.place(x = 0, y = 480, width = 300, height = 23)
var_Cnt.set('记录单数目信息')            #该标签初始信息
```

6. 创建"保存"按钮

定义记录单"保存"按钮的关联单击函数,创建记录单的"保存"按钮,并关联其单击函数。

```
#记录单的"保存"按钮的关联单击函数
def btn0_click():                          #保存:e0 输入框中是单号,该单号对应有个文件
    data = txt0.get('1.0','end')        #获取记录单编辑框中的内容(图 19-4 左中)
    f = open('连云港港口物流\\' + e0.get() + '.txt', 'w')          #打开单号文件
    f.write(data)                                                 #将 data 写入文件中
    f.close
#创建记录单的保存按钮,并关联其单击函数
b0 = tk.Button(window, text = '保存', width = 15, height = 2, command = btn0_click)
b0.place(x = 233, y = 530, width = 100, height = 30)
```

7. 新建记录单

记录单的"新建"按钮的单击关联函数,创建记录单的"新建"按钮,并关联其单击函数;

文件"记录单数.txt"中存放的是一个整数,用于生成新的记录单号,其数目包含已经被标记为删除的所有记录单数目。

注意,eval()、str()函数的使用,文件的打开、读写、关闭以及输入框的使用。

```
#记录单的"新建"按钮的单击关联函数
def btn1_click():                              #新建记录单
    loadDan('000000')                          #加载模板记录单
    #下面是记录单数目的加 1 操作,以生成新记录单号
    f = open('连云港港口物流\\记录单数.txt', 'r')
    data = f.read()                            #读出文件中的所有内容(记录单数),返回字符串
    f.close
    num = eval(data)                           #data 是字符串,eval 转换为数值
    num += 1
    data = str(num)                            #str 将数值转换为字符串
    f = open('连云港港口物流\\记录单数.txt', 'w')
    f.write(data)                              #记录单数写入文件
    f.close
    #用最大记录单号设置:记录单号输入框
    e0.delete('0','end')                       #清空输入框
    n = len(data)
    s = '0' * (6 - n) + data
    e0.insert('end', s)                        #将新记录单号插入输入框
    #以模板记录单内容保存记录单
    data = txt0.get('1.0','end')
    f = open('连云港港口物流\\' + e0.get() + '.txt', 'w')
    f.write(data)                              #将记录单初步内容写入文件
    f.close
    GetJldCnt()                                #获取记录单数目(见前述介绍)
#创建记录单的"新建"按钮,并关联其单击函数
b1 = tk.Button(window, text = '新建',  command = btn1_click)
b1.place(x = 113, y = 530, width = 100, height = 30)
```

8. 管理进货记录单

创建进货列表框,进货-列表框单击事件绑定函数,进货-列表框函数绑定,创建"添加"进货按钮、"删除"进货按钮、"修改"进货按钮。

```
#创建进货列表框
var10 = tk.StringVar()
var10.set([])
lieb10 = tk.Listbox(window, font = ('宋体',12),listvariable = var10) #定义一个进货列表框
lieb10.place(x = 370, y = 60, width = 300, height = 260)
def btn101_click():                            #添加进货按钮的单击函数
    s = e101.get()              #e101 是添加进货的输入框(在添加进货按钮的下面)
    if len(s)!= 0:
        lst1.append(s)                         #将进货输入添加到 lst1 进货列表中
        var10.set(lst1)                        #以 lst1 设置进货列表框(var10 与其关联)
        danUpdate()                            #更新记录单
b101 = tk.Button(window, text = '添加', command = btn101_click)    #进货"添加"按钮创建
b101.place(x = 370, y = 340, width = 100, height = 30)
```

```
e101 = tk.Entry(window,font = ('宋体',12))
e101.place(x = 370, y = 373, width = 300, height = 30)
def btn102_click():                    ♯删除进货按钮的单击函数
    s = var102.get()                   ♯删除进货的标签(显示列表框选中的条目)
    k = lst1.index(s)                  ♯找到 s 的位置 k
    lst1.pop(k)                        ♯删除 k 元素
    var10.set(lst1)                    ♯以列表 lst1 设置进货列表框
    danUpdate()
b102 = tk.Button(window, text = '删除', command = btn102_click)    ♯进货"删除"按钮创建
b102.place(x = 370, y = 416, width = 100, height = 30)
var102 = tk.StringVar()
lab102 = tk.Label(window, bg = 'silver',fg = 'red', font = ('宋体',12), textvariable = var102)
lab102.place(x = 370, y = 449, width = 300, height = 30)
var102.set('所选择进货条目')
def btn103_click():                    ♯"修改"进货按钮的单击函数
    s = e103.get()                     ♯e103 是修改进货的输入框
    if len(s)!= 0:                     ♯var102 显示列表框当前选中的条目
        k = lst1.index(var102.get())♯当前选中次序号 k
        lst1[k] = s                    ♯用 s 赋值 lst1 的 k 号元素
        var10.set(lst1)                ♯以列表 lst1 设置进货列表框
        danUpdate()                    ♯更新记录单
b103 = tk.Button(window, text = '修改',  command = btn103_click)        ♯进货"修改"按钮创建
b103.place(x = 370, y = 491, width = 100, height = 30)
e103 = tk.Entry(window,font = ('宋体',12))
e103.place(x = 370, y = 523, width = 300, height = 30)

♯进货 - 列表框单击事件绑定函数
def listbox1_click(event):             ♯当选中一项时,需要同时设置删除标签和修改输入框
    try:
        k = lieb10.curselection()      ♯可能选择多个,k[0]是选中部分的首个
        value = lieb10.get(k[0])       ♯获取列表框的选中行的内容
        var102.set(value)              ♯var102 关联删除标签
        e103.delete('0','end')         ♯清空修改输入框
        e103.insert('end', value)      ♯设置修改输入框内容
    except:
        print('请再单击试试')

♯进货 - 列表框绑定函数
lieb10.bind('<< ListboxSelect >>', listbox1_click)
```

9. 管理出货记录单

创建出货列表框,出货列表框单击事件绑定函数,出货-列表框函数绑定,创建"添加出货"按钮、"删除出货"按钮、"修改出货"按钮。出货与进货记录单管理的代码相似。请参考进货记录单管理中的注释来理解本框中的代码。

```
♯创建出货列表框
var11 = tk.StringVar()
var11.set([])
lieb11 = tk.Listbox(window, font = ('宋体',12),listvariable = var11) ♯定义一个出货列表框
lieb11.place(x = 690, y = 60, width = 300, height = 260)
```

```python
def btn111_click():                             # "添加"出货按钮的单击函数
    s = e111.get()                    # e111 是添加出货的输入框(在添加出货按钮的下面)
    if len(s)!= 0:
        lst2.append(s)
        var11.set(lst2)
        danUpdate()                             # 更新记录单
b111 = tk.Button(window, text = '添加',  command = btn111_click)      # 出货"添加"按钮创建
b111.place(x = 690, y = 340, width = 100, height = 30)
e111 = tk.Entry(window, font = ('宋体',12))
e111.place(x = 690, y = 373, width = 300, height = 30)

def btn112_click():                             # "删除" 出货按钮的单击函数
    s = var112.get()
    k = lst2.index(s)
    lst2.pop(k)
    var11.set(lst2)
    danUpdate()                                 # 更新记录单
b112 = tk.Button(window, text = '删除', command = btn112_click)       # 出货"删除"按钮创建
b112.place(x = 690, y = 416, width = 100, height = 30)
var112 = tk.StringVar()
lab112 = tk.Label(window, bg = 'silver',fg = 'red', font = ('宋体',12), textvariable = var112)
lab112.place(x = 690, y = 449, width = 300, height = 30)
var112.set('所选择出货条目')

def btn113_click():                             # "修改"出货按钮的单击函数
    s = e113.get()
    if len(s)!= 0:
        k = lst2.index(var112.get())
        lst2[k] = s
        var11.set(lst2)
        danUpdate()                             # 更新记录单
b113 = tk.Button(window, text = '修改', command = btn113_click)       # 出货"修改"按钮创建
b113.place(x = 690, y = 491, width = 100, height = 30)
e113 = tk.Entry(window, font = ('宋体',12))
e113.place(x = 690, y = 523, width = 300, height = 30)

# 出货列表框单击事件绑定函数
def listbox2_click(event):
    try:
        k = lieb11.curselection()
        value = lieb11.get(k[0])                # 获取列表框的选中内容
        var112.set(value)
        e113.delete('0','end')                  # 清空框
        e113.insert('end', value)
    except:
        print('请再单击试试')

# 出货 - 列表框绑定函数
lieb11.bind('<< ListboxSelect >>', listbox2_click)
```

10. 更新记录单

用"进货记录"lst1 设置 lst 的进货记录部分的切片,用"出货记录"lst2 设置 lst 的出货

记录部分的切片,将 lst 的所有行以换行符'\n'连接成一个文本 newData,将 newData 插入记录单编辑框 txt0 中,同时统计各种数量。

```
def danUpdate():                        # 更新记录单函数
    global lst1,lst2
    if lst1[0]!= '进货记录:': lst1.insert(0, '进货记录:')  # lst1 中是进货记录,在首插入'进货记录'
    if lst2[0]!= '出货记录:': lst2.insert(0, '出货记录:')  # lst2 中是出货记录,在首插入'出货记录'
    data = txt0.get('1.0','end')        # 记录单编辑框的内容赋值给 data
    lst = data.split('\n')              # 按行分割成列表赋值给 lst
    k1 = lst.index('进货记录:')
    k2 = lst.index('出货记录:')
    lst[k1:k2] = lst1                   # 用"进货记录" lst1 设置 lst 的进货记录部分的切片

    n = len(lst)
    k2 = lst.index('出货记录:')         # 前面切片赋值了(行数有变),需要重新获取出货记录位置 k2
    for i in range(n):
        if '存量:' in lst[i]: k3 = I   # 取得"存量"位置
    lst[k2:k3] = lst2                   # 用"出货记录"lst2 设置 lst 的出货记录部分的切片
      lst1.pop(0)                       # 删除 lst1 首"进货记录:"元素
      lst2.pop(0)                       # 删除 lst2 首"出货记录:"元素


    n = len(lst)
    i1 = lst.index('进货记录:')         # 重新获取进货记录位置
    i2 = lst.index('出货记录:')         # 重新获取出货记录位置
    for i in range(n):                  # 获得各量位置
        if '货物总量:' in lst[i]: i0 = i
        if '存量:' in lst[i]: i3 = i
        if '已进量:' in lst[i]: i4 = i
        if '已出量:' in lst[i]: i5 = i
        if '待进量:' in lst[i]: i6 = i
    s = lst[i0]                         # 例如,货物总量为 1000
    L = s.split(':')                    # 以':'分割赋值给 L
    allT = eval(L[1])                   # L 的 1 号元素数转换为总量数值
    jinT = 0                            # 进量
    for i in range(i1 + 1, i2):
        s = lst[i]                      # 例如,日期时间、进量、运载工具号
        L = s.split(' ')                # 以空格分隔
        jinT += eval(L[1])              # 统计进量
    outT = 0                            # 出量
    for i in range(i2 + 1, i3):
        s = lst[i]                      # 例如,日期时间、出量、运载工具号
        L = s.split(' ')                # 以空格分隔
        outT += eval(L[1])              # 统计出量
    lst[i4] = '已进量:' + str(round(jinT,4))
    lst[i5] = '已出量:' + str(round(outT,4))
    lst[i3] = '存量:' + str(round(jinT - outT,4))
    lst[i6] = '待进量:' + str(round(allT - jinT,4))
    newData = '\n'.join(lst)            # 将 lst 的所有行以换行符'\n'连接成一个文本 newData

    txt0.delete('1.0','end')            # 清空框(记录单编辑框 txt0)
    txt0.insert('end', newData)         # 将 newData 插入记录单编辑框 txt0 中
```

11. 删除记录单和其他

删除记录单并非真正删除相应的文件，将记录单的文件名加上"已删"字样。这主要使用了 os 的重命名函数 rename()。

```
# 记录单"删除" 出货按钮的关联函数
def btn2_click():                  # 删除记录单:将记录单的文件名加上"已删记录单"字样
    s = e0.get()                   # 当前输入框中的记录单号
    s1 = '连云港港口物流\\' + s + '.txt'
    s2 = '连云港港口物流\\已删_' + s + '.txt'
    os.rename(s1,s2)               # 重命名
    GetJldCnt()                    # 获取记录单新的总数目


b2 = tk.Button(window, text = '删除', command = btn2_click)    # 创建记录单"删除记录单"按钮
b2.place(x = 0, y = 530, width = 100, height = 30)
# 获取有效记录单数
GetJldCnt()
# 图 19 - 4 底部的软件说明标签
bqVar = tk.StringVar()
labbq = tk.Label(window, fg = 'silver', font = ('宋体',10), textvariable = bqVar)
labbq.place(x = 370, y = 565, width = 619, height = 30)
bqVar.set('江海大 Python 程序设计课程组. 代码设计:高勇, 文档设计:李慧')
# 事件循环
window.mainloop()
```

🔑 19.4　案例结语

本案例涉及的相关知识主要有 os 文件列表、文件、列表、切片、Tkinter 界面。具体的函数和方法有 open、read、write、split、join、index、append、eval、pop 等。自定义函数主要有三个：GetJldCnt(获取记录单数)、LoadDan(装入记录单)、danUpdate(更新记录单)。

界面设计包括：Tkinter 窗口、标签、列表框、输入框、按钮、文本框。

模块划分为三部分：记录单管理、进货记录管理、出货记录管理。

重点：记录单文件的读写、列表的切片更新记录单、按钮的创建与事件关联。

难点：

(1) 新建记录单、删除记录单、记录单数以及三者的关联。

(2) 已进量、已出量、存量、待进量的统计更新。

(3) 列表框的事件关联与选中。

拓展：

本案例代码较多，需要具备较综合的信息处理能力。当改动一个进出条目时，记录单内容要随之同步，并且要重新计算各种数量，这就是所谓的一致性。在以后的学习中，我们更多地要研究信息处理，会发现难度已经不再是编程语言的问题，而是实际应用问题的本身。例如，本案例记录单格式的设计就是问题的关键，后续的管理全部围绕着这个记录单。图形用户界面程序设计不仅要美观友好、严谨有力，还要有创新。通过本案例使读者领悟 Python 程序设计的精髓：优美、明了、简洁、友好、严谨、创新。

（1）Python 处理数据的优势。

① 开发速度快，代码量少，处理编码问题便捷。

② 有丰富的数据处理包，用起来很方便。

③ 内部类型使用成本低，无须额外复杂的操作。

④ 数据处理无须面对庞大的数据，Python 有处理大数据的框架。

（2）Python 数据处理包。

① 自带正则包，可以满足文本处理需求。

② cElementTree 是 xml 解析模块。

③ beautifulsoup 用于处理 HTML。

④ Hadoop 用于并行计算，支持 Python 写的 map reduce。

⑤ NumPy、SciPy、Scikit-Learn 用于数值计算和数据挖掘。

⑥ DPark 用于分布式计算和迭代式计算。

以上的正则包、cElementTree、Beautiful Soup、NumPy、SciPy、Scikit-Learn 是处理文本数据的利器，Hadoop 和 DPark 是并行计算框架。

通过对 Python 数据处理包的优势可以看出，文本性的数据、大数据处理需要从技术上进行拓展，这方面的应用有广阔的市场需求。本案例以港口物流为例给读者展示了文本处理的一点技巧和基本技术，希望本案例能够启发读者对 Python 数据处理进行更深入地探索。

第**20**章

股票K线和均线绘制

CHAPTER **20**

20.1　案例简介

股票 K 线图用于表示股票价格变动情况,是一种能直观反映股票每日、每周、每月的开盘价、收盘价、最高价、最低价的图形,K 线图有阳线、阴线之分,颜色表示为红色(上涨)、绿色(下跌),若收盘价高于开盘价是红色,若收盘价低于开盘价则是绿色,将最低价与最高价连接的竖线称为影线(阳线阴线),如图 20-1 所示。

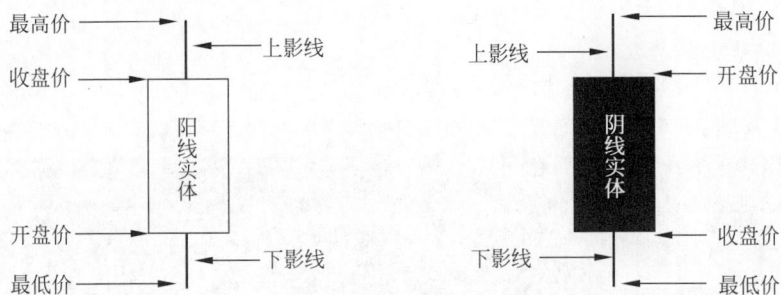

图 20-1　阳线阴线示意图

均线为一定交易时间内(日、周、月、年)股票收盘价的算术平均线,即将 N 天的收盘价之和再除以 N,得到第 N 天的算术平均值,将平均值依先后次序连接而成的曲线即为股票均线,通常有 5 天、10 天、30 天、120 天、250 天等不同均线。

本案例利用 NumPy 库、Matplotlib 库和 turtle 库对金融股票交易数据进行可视化实践,模拟产生股票交易数据并绘制其均线和 K 线图,为智能化金融交易决策可视化提供程序设计基础。案例效果如图 20-2 所示。

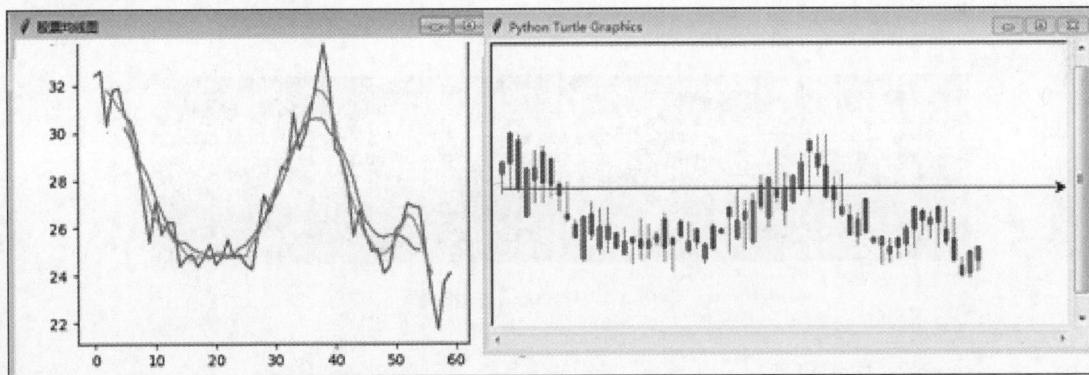

图 20-2　本案例运行效果图

20.2　相关知识

本案例实践涉及 NumPy 科学计算库、Matplotlib 数据可视化库、模拟产生股票交易数据集、turtle 绘图库等基本知识,下面将分别介绍。

1. 安装第三方库

本案例需要用到 NumPy 和 Matplotlib 等第三方库,若未正确安装,则导入时将出现以下错误提示。

```
ModuleNotFoundError: No module named 'numpy'
ModuleNotFoundError: No module named 'matplotlib'
```

安装时,在 cmd 命令行窗口输入命令: pip install+要安装的模块名称。

(1) 安装 NumPy 库。

命令: pip install numpy。

安装 NumPy 库,如图 20-3 所示。

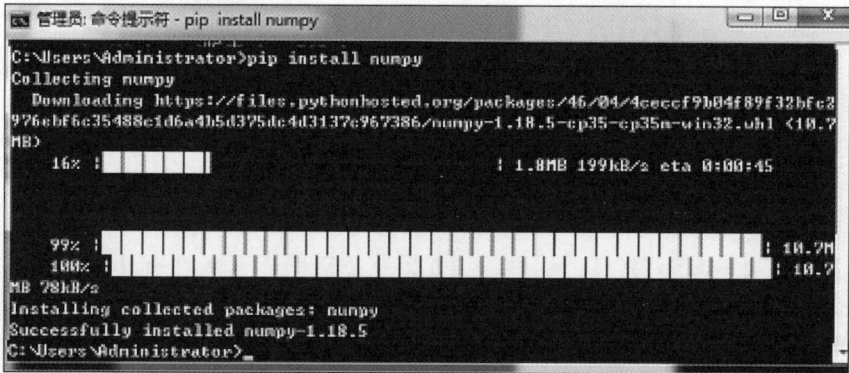

图 20-3　安装 NumPy 库

(2) 安装 Matplotlib 库。

命令: pip install matplotlib。

安装 Matplotlib 库,如图 20-4 所示。

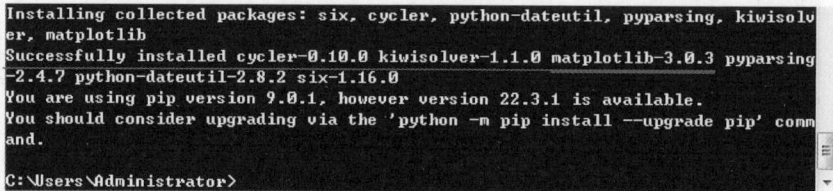

图 20-4　安装 Matplotlib 库

2. NumPy 科学计算库

NumPy(Numeric Python)提供多种高级数值编程工具,如矩阵数据类型、矢量处理以及精密的运算库,NumPy 中的线性数组称为轴(axis),也就是维度(dimensions),二维数组相当于一维数组嵌套,即第一个一维数组中每个元素又是一个一维数组,可以认为第一个轴为底层数组(第一个一维数组),第二个轴则是底层数组里嵌套的数组。轴的数量称为"秩",就是数组的维数,二维数组的秩为 2。很多时候可以声明 axis,若 axis=0,表示沿着第 0 轴进行操作,即对每一列进行操作;若 axis=1,表示沿着第 1 轴进行操作,即对每一行进行操作。NumPy 提供大量的数学函数库,NumPy 函数列表如表 20-1 所示。

表 20-1 NumPy 函数列表

方　　法	说　　明
三角函数 Trigonometric functions	
np. sin(x)	正弦
np. cos(x)	余弦
np. tan(x)	正切
np. arcsin(x)	反正弦
np. arccos(x)	反余弦
np. arctan(x)	反正切
np. hypot(x1, x2)	给定直角三角形的直角边,返回斜边
np. degrees(x)或 np. rad2deg(x)	将角度从弧度转换为度
np. radians(x)或 np. deg2rad(x)	将角度从度转换为弧度
np. unwrap(p[, discont, axis])	通过将值之间的增量更改为 2 * pi 补码来展开
双曲函数 Hyperbolic functions	
np. sinh(x)	双曲正弦
np. cosh(x)	双曲余弦
np. tanh(x)	计算双曲正切
np. arcsinh(x)	反双曲正弦
np. arccosh(x)	反双曲余弦
np. arctanh(x)	反双曲正切
舍入 Rounding	
np. around(a[, decimals])	将 a 在给定的小数位数四舍五入
np. round_(a[, decimals])	功能同 around
np. rint(x)	X 的最接近的整数
np. fix(x[, out])	舍入接近零的整数,如: 2.9->2; −2.9->−2
np. floor(x)	向下取整,取比 x 小的最大的整数
np. ceil(x)	向上取整,取比 x 大的最小的整数
np. trunc(x)	返回 x 中的整数部分
和、积、差 Sums, products, differences	
np. sum(a[, axis])	给定轴上数组元素的总和
np. prod(a[, axis])	给定轴上数组元素的乘积
np. nanprod(a[, axis])	在给定轴上数组元素的乘积,将 nan 视为 1
np. nansum(a[, axis])	给定轴上数组元素的和,将 nan 视为 0
np. cumsum(a[, axis])	给定轴上元素的累计和
np. cumprod(a[, axis])	给定轴的累计积
np. diff(a[, n, axis])	返回给定轴上数组元素的间差
np. gradient(f)	返回 N 维数组的梯度
np. cross(a, b)	返回两个向量(数组)的叉积
np. trapz(y[, x, dx, axis])	使用复合梯形法则沿给定轴积分
指数和对数 Exponents and logarithms	
np. exp(x)	计算输入数组中所有元素的指数
np. expm1(x)	计算数组中所有元素的 exp(x) − 1
np. exp2(x)	为输入数组中的所有元素 p,计算 2 ** p
np. log(x)	自然对数

续表

方　法	说　明
np. log10(x)	按元素返回输入数组的以 10 为底的对数
np. log2(x)	x 的以 2 为底的对数
np. log1p(x)	返回 1 的自然对数加上输入数组,按元素
浮点操作 Floating point routines	
np. signbit(x)	用来判断一个值是否小于 0,负数为 True
np. copysign(x1, x2)	将 x1 的符号更改为 x2 的符号(按元素)
np. frexp(x)	把 x 的元素分解成尾数和二的指数(元组)
最小公倍数最大公约数	
np. lcm(x1, x2)	|x1||x2|的最小公倍数
np. gcd(x1, x2)	|x1||x2|的最大公约数
算术运算 Arithmetic operations	
np. add(x1, x2)	按元素加
np. negative(x)	相反数
np. power(x1, x2)	x1 的 x2 次幂
np. mod(x1, x2)	返回除法的元素余数,参考模运算符%
np. modf(x)	按元素返回数组的分数部分和整数部分
np. remainder(x1, x2)	返回除法的元素余数
np. divmod(x1, x2)	同时返回元素的商和余数
处理复数 Handling complex numbers	
np. angle(z[, deg])	返回复参数的角度
np. real(val)	返回复参数的真实部分
np. imag(val)	返回复变元的虚部
np. conj(x)	按元素返回复共轭
平均、卷积、插值等	
np. convolve(a, v[, mode])	返回两个一维序列的离散线性卷积
np. clip(a, a_min, a_max)	剪裁(限制)数组中的值
np. sqrt(x)	按元素返回数组的非负平方根
np. cbrt(x)	按元素返回数组的立方根
np. square(x)	返回输入的元素平方
np. absolute(x)	按元素计算绝对值
np. fabs(x)	按元素计算绝对值
np. sign(x)	返回数字符号的元素指示
np. max()	取最大值
np. min()	取最小值
np. mean()	取平均值
np. std()	求标准差
np. median()	求中位数
np. sinc(x)	返回标准化的 sinc 辛格采样函数
np. interp(x, xp, fp)	单调递增样本点的一维线性插值

3. Matplotlib 数据可视化库

Matplotlib 是 Python 中最受欢迎的数据可视化软件包之一,支持跨平台运行。Matplotlib

通常与 NumPy、Pandas 一起使用,是数据分析中不可或缺的重要工具之一。Matplotlib 提供了一套面向对象绘图的 API,它可以轻松地配合 Python GUI 工具包(如 PyQt,WxPython、Tkinter)在应用程序中嵌入图形。与此同时,它也支持以脚本的形式在 Python、IPython Shell、Jupyter Notebook 以及 Web 应用的服务器中使用。下面通过几个例子来说明 Matplotlib 的使用。

【例 20-1】 给出一个自变量域 x 和其对应的值域 y 就可通过 plot()函数绘制函数图,代码如下:

```
import numpy as np                        # 导入 NumPy 库
from matplotlib import pyplot as plt      # 导入 Matplotlib 的 Pylot 库
x = np.linspace( - 6, 6, 1024)            # 创建等差数列,np.linspace(起始值,终点值,取点数)
y = np.sinc(x)                            # 依据 x 序列各元素使用辛格函数生成值序列 y
plt.plot(x, y)                            # 以 x 为横轴、y 为纵轴进行图形计算
plt.show()                                # 显示图形
```

以上程序运行后,显示结果如图 20-5 所示。

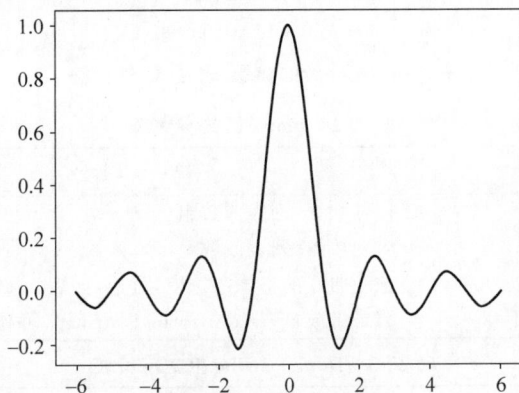

图 20-5　辛格函数图

【例 20-2】 设置 plot 图的标题、表达式、轴标签,代码如下:

```
# 绘制表达式 r'$ \alpha_i > \beta_i $ '
import numpy as np
import matplotlib.pyplot as plt
t = np.arange(0.0, 2.0, 0.01) # np.arange(start,stop,step]在给定间隔内返回均匀间隔的值
s = np.sin(2 * np.pi * t)        # s 是 t 的正弦
plt.plot(t,s) # 计算绘制函数图像
plt.title( r'$ \alpha_i > \beta_i $ ',  fontsize = 20 )    # 设置标题
# 设置数学表达式
plt.text(0.6, 0.6,  r'$ \mathcal{A}\mathrm{sin}(2 \omega t) $ ',  fontsize = 20)
plt.text(0.1, - 0.5,  r'$ \sqrt{3} $ ',  fontsize = 10)
plt.xlabel('time (s)')                            # 设置横轴标签
plt.ylabel('volts (mV)')                          # 设置纵轴标签
plt.show()                                        # 显示图形
```

以上程序运行后,显示结果如图 20-6 所示。

plot()函数语法格式:plt. plot(x, y, format_string, ** kwargs),其参数说明如表 20-2 所示。

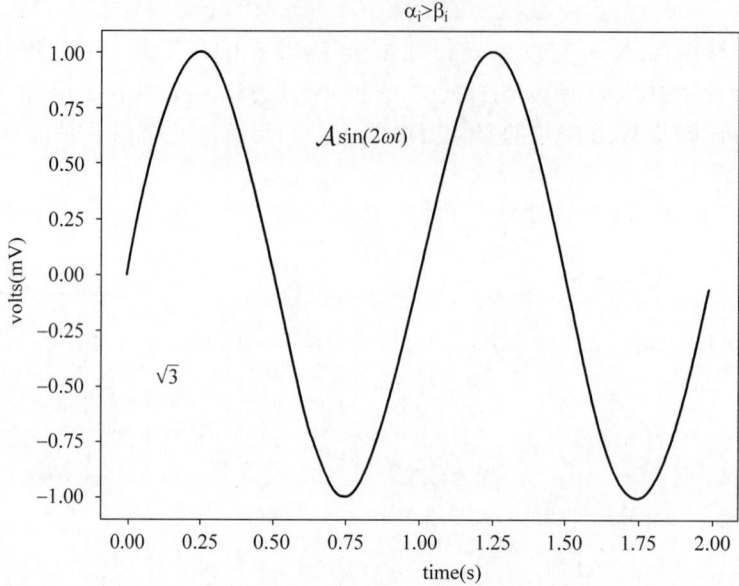

图 20-6　plot 图的标题、表达式、轴标签

表 20-2　plot()函数参数表

参　　数	说　　明
x	横轴数据,列表或数组
y	纵轴数据,列表或数组
format_string	控制曲线的格式字符串,可选,如表 20-3 所示
** kwargs	第二组或更多(x,y,format_string),可画多条曲线

表 20-3　format_string 格式字符表

参　　数	说　　明
颜色字符	b,g,r,w,m,y,k,c 分别代表蓝色、绿色、红色、白色、洋红、黄色、黑色、青绿色
风格字符	-、-.、:、-- 分别代表实线、点划线、点线、虚线
标记字符	.、o、v、^、>、<、x 分别代表点、实心圈、倒、上、右、左三角、叉
** kwargs	第二组或更多(x,y,format_string),可画多条曲线

【例 20-3】　在一个 plot()函数中包含三组参数,从而组合绘制了三个图形,代码如下:

```
import numpy as np
import matplotlib.pyplot as plt
plt.rcParams['font.sans-serif'] = ['SimHei']      # 设置全局字体为 SimHei
plt.rcParams['axes.unicode_minus'] = False        # 解决负号显示为方块的问题
t = np.arange(5)
f1 = t * 1.0                                       # 速度为 1 米/秒的距离计算
f2 = t * 1.5                                       # 速度为 1.5 米/秒的距离计算
f3 = t * 2                                         # 速度为 2 米/秒的距离计算
#"-"代表点、实线; 'x'代表叉; '-'代表实线
plt.plot(t,f1,'-',t,f2,'x',t,f3,'-')
plt.xlabel('时间/秒')                              # 设置横轴标签
plt.ylabel('距离/米')                              # 设置纵轴标签
plt.title('计算距离')
plt.show()
```

以上程序运行后,显示结果如图 20-7 所示。

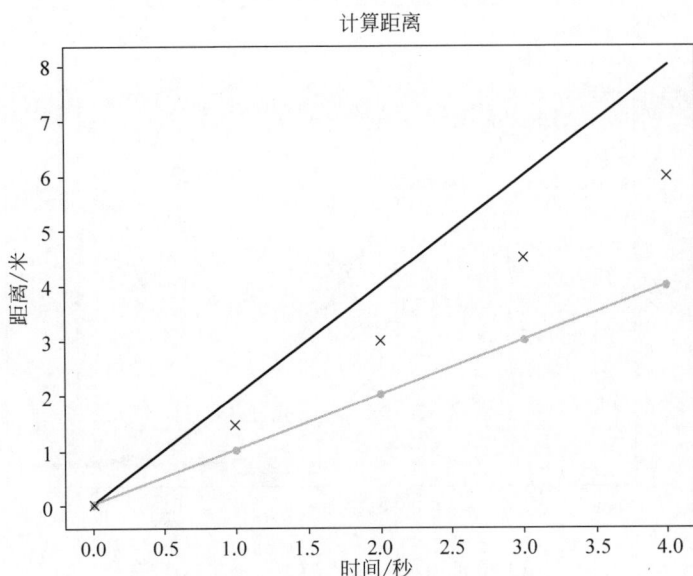

图 20-7　一个 plot() 函数绘制多个图形

【例 20-4】　利用 Figure 画布容纳多个子图,代码如下:

```
import numpy as np
import matplotlib.pyplot as plt
plt.rcParams['font.sans-serif'] = ['SimHei']      # 设置全局字体为 SimHei
plt.rcParams['axes.unicode_minus'] = False        # 解决负号显示为方块的问题
a = np.linspace(0,np.pi/2,100)
I1 = 1000 * 0.5 * np.power(np.cos(a),3)            # 镜面反射指数为 3 的光强计算,如点线所示
I2 = 1000 * 0.5 * np.power(np.cos(a),7)            # 镜面反射指数为 7 的光强计算,如实线所示
plt.plot(a, I1, '.',  a, I2, '-')                 # '.'代表点线; '-'代表实线
plt.xlabel('角度/rad')                            # 设置横轴标签
plt.ylabel('光强/cd')                             # 设置纵轴标签
plt.title('计算镜面反射光强')
plt.show()
```

代码中,I1 和 I2 表示入射光强为 1000cd、镜面反射系数为 0.5 的反射光强计算,坎德拉(cd)表示光源在特定方向上的发光强度。镜面反射系数的数值范围 $0 \sim 1$,其中 0 表示没有反射,1 表示完全反射;a 为视线与反射线的夹角。显然,镜面反射指数越大,曲线衰减越快。

以上程序运行后,显示结果如图 20-8 所示。

4. 模拟产生股票价格数据集

一支股票在一天的交易中主要产生四个价格数据:开盘价,收盘价,最低价,最高价。我国规定股价当天变化范围不能越过昨日收盘价的上下 10%,假定昨日收盘价是 p0,则今日最低价不低于 p1＝p0－p0 * 0.1,今日最高价不高于 p2＝p0＋p0 * 0.1,可以使用 uniform(p1,p2) 随机生成一个在[p1,p2]范围内的实数,以该随机数模拟一个交易价格,进一步可以模拟出一天的四个股票价格数据(开盘价,收盘价,最低价,最高价),利用元组和列表存储这些数据,即可形成模拟股票价格数据集,该数据集用于绘制股票均线和 K 线图,如图 20-9 所示。

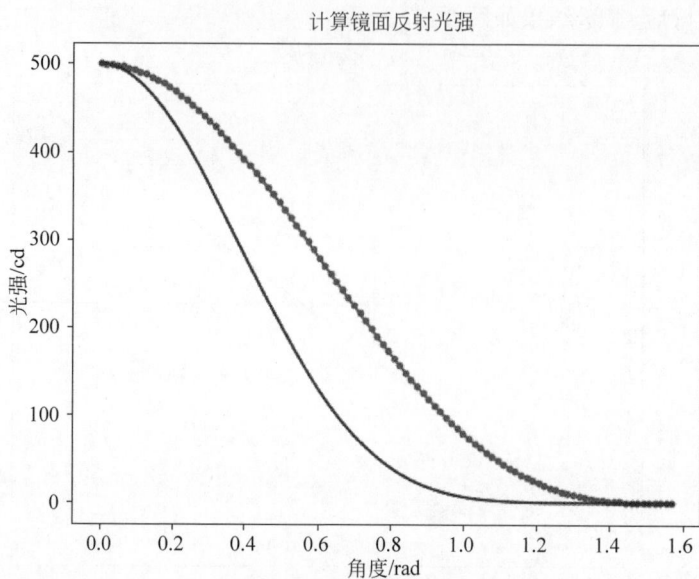

图 20-8　**Figure** 画布容纳多个子图

图 20-9　模拟股票价格数据集

20.3　案例设计

本案例需综合运用金融专业知识、Tkinter 图形界面、组合数据类型和绘图等多方面知识，利用 Python 第三方库绘制股票的均线和 K 线图。股票均线和 K 线界面图如图 20-10 所示。

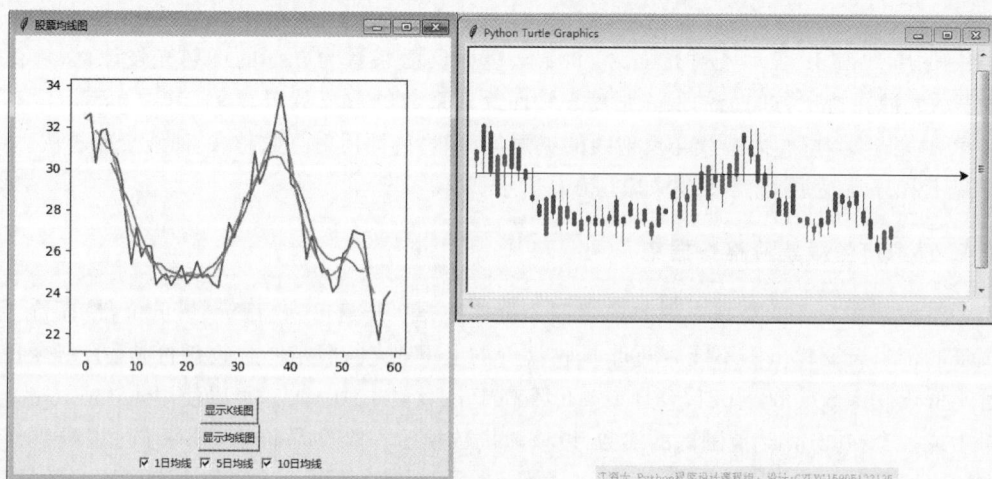

图 20-10　股票均线和 K 线界面图

本案例设计应包括以下 7 部分。

(1) 导入必要模块。根据前述的设计思路,本案例的功能需使用 turtle、random、math、NumPy、Tkinter、Matplotlib. figure、TkAgg 库(用于将图形渲染到 Tkinter 画布)等模块。

(2) 模拟生成股票样本数据集。使用随机数模拟生成 60 天的股票价格(每天的数据共分四项: 开盘价、收盘价、最低价、最高价),并利用列表和元组存储(此部分功能可根据学生的知识学习情况进行多种实现方案设计,既可以采用数据文件存储股票数据,也可以采用爬虫程序从网页上爬取股票数据再存储等)。

(3) 计算均值函数 avged()。设计函数,计算某日前后共 n 天的股票价格平均值,可根据常规选择时间范围,如采用 1 日、5 日和 10 日均值。

(4) 绘制均线图。生成交易时间范围、连续交易日的价格均值序列,并利用 plot 进行绘图。

(5) 将绘制的图形显示到 Tkinter。绘制并显示图形到 Tkinter: plot 默认会单独打开一个窗口显示,但本案例需要在 Tkinter 窗口中显示。

(6) 使用 turtle 绘制 K 线图。

(7) Tkinter 窗口的界面设计。

下面将分别介绍各个步骤的程序实现方法。

1. 导入必要模块

Matplotlib. backend(后端)的 TkAgg 库,用于将图形渲染到 TkInter 画布。除了TkAgg 之外,Matplotlib 还有其他渲染组合。Matplotlib. figure 是 Matplotlib 的图形对象库,代码如下:

```
from random import random,uniform,randint
import math
import numpy as np
import tkinter
from matplotlib.backends.backend_tkagg import FigureCanvasTkAgg
from matplotlib.figure import Figure
import turtle
```

2. 模拟生成股票样本数据集

模拟生成股票样本数据集的算法如下:

(1) 用循环语句迭代产生交易日的股票数据,dayes 代表交易天数,本例中为 60 天,p0 代表起始价。

(2) 假定昨日收盘价是 p,p=p0; 则今日最低价 p1=p−p * 0.1; 今日最高价 p2=p+p * 0.1(我国规定股价当天变化范围不能超过昨日收盘价的上下 10%)。

(3) 循环开始,s=[t1,t2,t3,t4],使用 uniform(p1,p2)随机产生一个交易日的 4 个股票价格数据(开盘价,收盘价,最低价,最高价)。

(4) 经排序 s. sort(); 最低价 g3=s[0]; 最高价 g4=s[3]。

(5) g0=randint(0, 1); 根据 g0 随机将 s[1]和 s[2]分配给开盘价 g1 和收盘价 g2。

(6) 将元组(g1,g2,g3,g4)添加进股票数据集。

（7）p＝g2；p1＝p−p＊0.1；p2＝p+p＊0.1，为产生下一个交易日的数据做好迭代准备，转向步骤(3)。

代码如下：

```
dayes = 60                                  # 将生成 60 天的股票价格列表
def GpSamples(p):                           # 参数 p 是一个起始的收盘价(昨日)
    rows = [ ]
    p1 = p − p * 0.1;     p2 = p + p * 0.1   # 价格波动范围上下 10 %
    # uniform(x,y)将随机生成一个在[x, y] 范围内的实数
    for i in range(dayes):
        t1 = round(uniform(p1,p2),2)         # 随机生成 [p1,p2]的实数,并保留两位小数
        t2 = round(uniform(p1,p2),2)
        t3 = round(uniform(p1,p2),2)
        t4 = round(uniform(p1,p2),2)
        s = [t1,t2,t3,t4]
        s.sort()                             # 从小到大排序,s[0]最小,s[3]最大
        # 下面设置: g1 = 开盘价 g2 = 收盘价 g3 = 最低价 g4 = 最高价
        g3 = s[0]                            # g3 是最低价
        g4 = s[3]                            # g4 是最高价
        # 下面 3 句:g1 任取 s[1]、s[2]两者之一,g2 是另一个
        t0 = randint(0, 1)                   # randint(a,b)随机生成 [a,b]的整数
        if t0 == 0: g1 = s[1];g2 = s[2]
        else:g1 = s[2]; g2 = s[1]
        # (g1,g2,g3,g4)加入数据集 rows 中
        rows.append((g1,g2,g3,g4))
        p = g2;   p1 = p − p * 0.1;   p2 = p + p * 0.1 # 指定下个交易日的波动范围
    return rows
p0 = 30                                     # 初始收盘价(昨日)是 30
gpks = GpSamples(p0)    # 调用 GpSampleSet 生成 60 天的股票价格列表
```

3. 计算均值函数 avged()

计算某日前后共 d 天的价格平均值。代码中,可直接用 avge＝mean(qp)求出均值。

```
# 第 idx 次的 d 日均值(d = 1,5,10)
def avged(data,idx,d = 1):                  # 形参 data,调用时将用 gpks 作为实参
    avge = 0.0
    i = idx
    qp = data[i − d//2:i + 1 + d//2]        # qp 代表 idx 附近的 d 个价格的切片
    # 下面求均值,也可直接 avge = mean(qp)求出均值
    for j in range(d):  avge += qp[j][1]    # 第二个下标 1 表示使用收盘价
    avge = avge/d                           # 求出均值
    return avge
```

4. 绘制均线图

绘制均线图主要步骤有以下三步。

（1）生成一个交易日的范围 t。

（2）生成这个连续交易日的均值序列 y。

（3）将 t 和 y 交给 plot 进行绘图计算。

代码的实值只是 5 日和 10 日均线,一日均线可直接使用 gpks 的值。

```
f = Figure(figsize = (5, 4), dpi = 100)              # 定义一个图形画布 f
a = f.add_subplot(111)                               # 添加子图:为 1 行 1 列第 1 个
def _jxt():                                           # 输出均线图
    global var1, var2, var3, f, a
    if var1.get() == 1:
        t1 = np.arange(0, dayes//1, 1)               # 生成一个范围[0, dayes)
        y = [avged(gpks, i, 1) for i in t1]   # 该范围的每个点的价格(1 日均值)形成的列表
        a.plot(t1, y)                    # 日线绘制,plot 根据范围 t1 上的值列表 y 绘制计算
    if var2.get() == 1:
        t2 = np.arange(2, 2 + (dayes/5 - 1) * 5, 1)  # 生成一个范围[2, dayes - 3)
        y = [avged(gpks, i, 5) for i in t2]          # 该范围的每个点的 5 日均值形成的列表
        a.plot(t2, y)                                # 5 日均线绘制
    if var3.get() == 1:
        t3 = np.arange(5, 5 + (dayes//10 - 1) * 10, 1) # 生成一个范围[5, dayes - 5)
        y = [avged(gpks, i, 10) for i in t3]         # 该范围的每个点的 10 日均值形成的列表
      a.plot(t3, y)                                  # 10 日均线绘制
    # tkplot()函数将图形绘制到窗口上,tkplot()函数定义见后
    tkplot(f, root)                                  # root 代表窗口,见< 7. Tkinter 窗口界面>
```

对上述源代码中使用的 Matplotlib 画布分块子图部分进行说明。

（1）f=Figure(figsize=(5，4)，dpi=100)。定义一个图形画布 f,其中 figsize(a,b)的参数是宽和高,单位是英寸,dpi 是每英寸的点数。

（2）a=f.add_subplot(111)。添加子图。参数 xyz(都<10)将画布分成 x * y 块并在第 z 个块上显示。

（3）t=np.arange(t1,t2,dt)。范围为 t1-t2 步长 dt,注意范围不包括 t2,默认起始为 0,步长为 1。

（4）y=[计算出的值列表,即值域]。

（5）a.plot(t, y)。绘图计算,提供一个范围和一个值域即可绘图计算。

5. 将绘制的图形显示到 Tkinter

```
# 将绘制的图形显示到 Tkinter 主窗口
# FigureCanvasTkAgg 创建属于容器 master 的 Canvas 画布,并将图 f 置于画布上
def tkplot(f, master):                               # 本例容器 master 是主窗口
    canvas = FigureCanvasTkAgg(f, master)
    canvas.draw()                                    # 绘制
    canvas.get_tk_widget().pack( side = tkinter.TOP, # 上对齐
                                 fill = tkinter.BOTH, # 填充方式
                                 expand = tkinter.YES) # 随窗口大小调整而调整
```

其中,master 也可以是框架 frame。

创建一个框架的示例,代码如下:

```
frame01 = tkinter.Frame(root)                        # root 是 Tkinter 主窗口
frame01.place(x = 3, y = 5, width = 300, height = 400)
```

源代码中的 widget().pack 是使用相对位置的概念对控件进行包装和配置。

6. 使用 turtle 绘制 K 线图

使用 turtle 绘制 K 线图主要步骤有以下几步。

（1）设置 turtle 窗口并初始化相关数据。

（2）对每个交易日价格，以 p0 为基准放大 k 倍，以画一条粗线代表一个矩形，若收盘大于开盘则向上画红色线，否则向下画绿色线。

（3）画上下影线。

```python
def turtleGpKx():                   #turtle 绘制 K 线函数
  turtle.setup(600,300,10,10)       #turtle 窗口宽和高,窗口左上角坐标
  turtle.backward(280)              #向当前画笔相反方向(此时即向左)移动 280 像素长度
  x0,y0 = turtle.pos()              #取得 turtle 光标的坐标,起始画 K 线的位置
  k = 10; gas = 8
  for i in range(dayes):            #将绘制 dayes 个 K 线
    turtle.penup()                  #抬起画笔
    turtle.goto(x0,y0)              #定位到 (x0,y0)处
    turtle.seth(0)                  #绘制角度 0,即向右
    turtle.pendown()                #落下画笔
    g1 = gpks[i][0];  g2 = gpks[i][1];  g3 = gpks[i][2];  g4 = gpks[i][3]
    #(g1,g2,g3,g4) 代表 i 日的开盘价、收盘价、最低价、最高价
x = x0
#以 p0 为基准放大 k 倍
h1 = (g1 - p0) * k;  h2 = (g2 - p0) * k;  h3 = (g3 - p0) * k;  h4 = (g4 - p0) * k
#下面将以一个粗线代表 K 线矩形
    turtle.penup()                  #抬起画笔
    turtle.goto(x,h1)               #定位到开盘价格点处
    turtle.pendown()                #落下画笔
    turtle.pensize(5)               #画笔尺寸是 5
    if h2 > h1:                     #若收盘大于开盘则准备向上画红色线
        turtle.color('red');    turtle.seth(90);      d = h2 - h1
    else:                           #否则准备向下画绿色线
        turtle.color('green');  turtle.seth(-90);     d = h1 - h2
turtle.forward(d)                   #前进量(红或绿线长)是 |h2 - h1|
#下面画上下影线
    turtle.penup()                  #抬起画笔
    turtle.goto(x,h3)               #定位到最低价点处
    turtle.seth(90)                 #画笔向上
    turtle.pendown()                #落下画笔
    turtle.pensize(1)               #画笔尺寸是 1
    turtle.forward(h4 - h3)         #前进量(上下影线长)是 |h4 - h3|
    x0 += gas                       #x0 增加一个间隙,以画下个 K 线
#for 循环结束,K 线绘制完毕
turtle.penup()                      #抬起画笔
turtle.goto(0,0)                    #定位到(0,0)处
turtle.seth(0)                      #画笔向右
turtle.pendown()                    #落下画笔
turtle.color('black')              #画黑色
turtle.forward(280)                 #前进量(向右)280,与开始向左的 280 形成横向轴.
turtle.done()                       #绘制结束
```

7. Tkinter 窗口的界面设计

Tkinter 窗口的界面设计步骤有以下 5 步。

（1）创建一个 Tkinter 的窗口作为程序的主窗口（root）。

（2）创建 root 主窗口的一个框架控件 frm。

（3）在 frm 框架中创建三个复选框。

（4）创建一个按钮，并把上面那个均线图函数_jxt 绑定过来。

（5）创建一个按钮，并把上面那个 K 线图函数 turtleGpKx 绑定过来。

窗口消息事件循环执行，代码如下。

```
root = tkinter.Tk()                    ♯创建一个 Tkinter 的窗口作为程序的主窗口（root）
root.title("股票均线图")                ♯root 主窗口的标题
frm = tkinter.Frame(root)              ♯创建 root 主窗口的一个框架控件
frm.pack(side = 'bottom')              ♯框架控件 frm 放在 root 主窗口下边
var1 = tkinter.IntVar();   var2 = tkinter.IntVar();   var3 = tkinter.IntVar()   ♯创建三个整型变量
var1.set(1);var2.set(1);var3.set(1)   ♯分别关联下面三个复选框（默认都是对钩了）
♯在 frm 框架中创建三个复选框
c1 = tkinter.Checkbutton(frm, text = '1 日均线', variable = var1, onvalue = 1, offvalue = 0)
c2 = tkinter.Checkbutton(frm, text = '5 日均线', variable = var2, onvalue = 1, offvalue = 0)
c3 = tkinter.Checkbutton(frm, text = '10 日均线', variable = var3, onvalue = 1, offvalue = 0)
c1.pack(side = 'left');   c2.pack(side = 'left'); c3.pack(side = 'right');♯分别摆放靠左、靠左、靠右
♯创建一个按钮，并把上面那个均线图函数_jxt 绑定过来（关联到单击事件）
button = tkinter.Button(master = root, text = "显示均线图", command = _jxt)
button.pack(side = tkinter.BOTTOM)     ♯按钮放在下边
♯创建一个按钮，并把上面那个 K 线图函数 turtleGpKx 绑定过来（关联到单击事件）
buttonk = tkinter.Button(master = root, text = "显示 K 线图", command = turtleGpKx)
buttonk.pack(side = tkinter.BOTTOM)    ♯按钮放在下边
root.mainloop()                        ♯root 主窗口消息事件循环执行
```

8. Tkinter 窗口设计

创建 Tkinter 窗口，创建主窗口一个框架控件，在这个框架中创建三个复选框，创建显示均线图、K 线图的按钮，这里可学习到框架、复选框、按钮的创建和使用。Tkinter 窗口如图 20-11 所示。

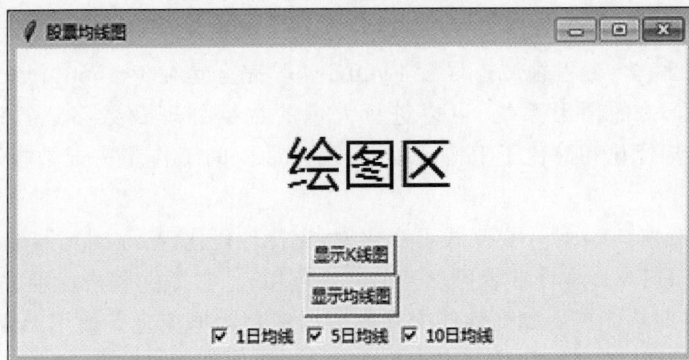

图 20-11　Tkinter 窗口

🔑 20.4   案例结语

本案例涉及的 Python 知识包括组合数据类型、随机数、切片、NumPy 数组、Matplotlib 绘图、turtle 绘图、Tkinter 界面等。具体的函数或方法包括 uniform、randint、sort、plot、append、round、turtle 相关函数等。自定义函数主要有四个：GpSampleSet 生成股票数据集、turtleGpKx 绘制股票 K 线、_jxt()输出均线图及 avged 第 idx 次的 d 日均值计算。界面设计包括：turtle 窗口、Tkinter 窗口、复选框、按钮。

重点：模拟价格集的生成，Matplotlib 绘图，框架和复选框控件。

难点：模拟价 g 与绘图坐标 h 的映射关系：h＝(g－p0) * k，其中 p0 是初始价，k 是缩放系数。

这种数据与坐标之间的映射关系是绘图应用的关键所在。

关于金融股票技术还有 KDJ 线、RSI 线等，请借助互联网检索其数学模型，利用 Python 的 turtle 或 plot 绘图，在本案例基础上编程绘制其图形。

拓展：

如果受到本案例的启发，对数据可视化感兴趣，那么可借助下面推荐的可视化库开始探索和实践。

（1）Seaborn 是基于 Matplotlib 产生的一个模块，专注于统计可视化，可以和 Pandas 进行无缝链接，使初学者更容易学习。相对于 Matplotlib，Seaborn 语法更简洁，两者关系类似于 NumPy 和 Pandas 之间的关系。

（2）HoloViews 是一个开源的 Python 库，可以用非常少的代码行完成数据分析和可视化，除了默认的 Matplotlib 后端外，还添加了一个 Bokeh 后端。Bokeh 提供了一个强大的平台，通过结合 Bokeh 提供的交互式小部件，可以使用 HTML5 Canvas 和 WebGL 快速生成具有交互性和高维可视化的应用。

（3）Altair 是 Python 的一个公认的统计可视化库。它的 API 简单、友好，并建立在强大的 vega-lite(交互式图形语法)之上。Altair API 不包含实际的可视化呈现代码，而是按照 vega-lite 规范发出 JSON 数据结构。由此产生的数据可以在用户界面中呈现，这种优雅的简单性产生了漂亮且有效的可视化效果，且只需很少的代码。

（4）PyQtGraph 是在 PyQt4/PySide 和 NumPy 上构建的纯 Python 的 GUI 图形库。它主要用于数学、科学、工程领域。尽管 PyQtGraph 完全是在 Python 中编写的，但它本身就是一个非常有能力的图形系统，可以进行大量的数据处理及数字运算；使用了 Qt 的 GraphicsView 框架优化和简化了工作流程，实现以最少的工作量完成数据可视化，且速度也非常快。

（5）Bokeh 是一个 Python 交互式可视化库，支持现代化 Web 浏览器展示(图表可以输出为 JSON 对象、HTML 文档或者可交互的网络应用)。它提供风格优雅、简洁的 D3.js 的图形化样式，并将此功能扩展到高性能交互的数据集和数据流上。使用 Bokeh 可以快速便捷地创建交互式绘图、仪表板和数据应用程序等。

（6）Pygal 是一种开放标准的矢量图形语言，它基于 XML（eXtensible Markup Language），可以生成多个输出格式的高分辨率 Web 图形页面，还支持给定数据的 HTML

表导出。用户可以直接用代码来描绘图像，可以用任何文字处理工具打开 SVG 图像，通过改变部分代码来使图像具有交互功能，并且可以插入 HTML 中通过浏览器来观看。

（7）VisPy 是一个用于交互式科学可视化的 Python 库，快速、可伸缩且易于使用，是一个高性能的交互式 2D/3D 数据可视化库，利用了图形处理单元（GPU）的计算能力，通过 OpenGL 库来显示非常大的数据集。

（8）NetworkX 是一个 Python 包，用于创建、操纵和研究复杂网络的结构，以及学习复杂网络的结构、功能及其动力学。NetworkX 提供了适合各种数据结构的图表和多重图，还有大量标准的图算法、网络结构和分析措施，可以产生随机网络、合成网络或经典网络，且节点可以是文本、图像、XML 记录等，并提供了一些示例数据（如权重，时间序列）。NetworkX 测试的代码覆盖率超过 90%，是一个多样化、易于教学、能快速生成图形的 Python 平台。

（9）Geoplotlib 是 Python 的一个用于地理数据可视化和绘制地图的工具箱，并提供了一个原始数据和所有可视化之间的基本接口，支持在纯 Python 中开发硬件加速的交互式可视化，并提供点映射、内核密度估计、空间图、泰森多边形图。除了为常用的地理数据可视化提供内置的可视化功能外，Geoplotlib 还允许通过定制层来定义复杂的数据可视化。

（10）Folium 是一个建立在 Python 系统之上的 JavaScript 库，可以很轻松地将在 Python 中操作的数据可视化为交互式的单张地图，且紧密地将数据与地图联系在一起，可自定义箭头、网格等 HTML 格式的地图标记。该库还附有一些内置的地形数据。

（11）Gleam 允许只利用 Python 构建数据的交互式生成可视化的网络应用。无须具备 HTML CSS 或 JaveScript 知识，就能使用任意一种 Python 可视化库控制输入。当创建一个图表时，可以在上面加上一个域，让任何人都可以实时地操纵数据。

（12）Vincent 可视化工具以 Python 数据结构作为数据源，可以使用 Python 脚本来创建美观的 3D 图形来展示数据。Vincent 底层使用 Pandas 和 DataFrames 数据，并且支持大量的图表（条形图、线图、散点图、热力图、堆条图、分组条形图、饼图、圈图、地图等）。

（13）mpld3 基于 Python 的 graphing library 和 D3js，汇集了 Matplotlib 流行的项目的 JavaScript 库，用于创建 Web 交互式数据可视化。通过一个简单的 API，将 Matplotlib 图形导出为 HTML 代码，这些 HTML 代码可以在浏览器内使用。

（14）missingno 提供了一个小型、灵活且易于使用的数据可视化和实用工具集，用图像的方式让用户能够快速评估数据缺失的情况，而不是在数据表里步履维艰。可以根据数据的完整度对数据进行排序或过滤，或者根据热度图或树状图来考虑对数据进行修正。missingno 是基于 Matplotlib 建造的一个模块，所以它的速度很快，并且能够灵活地处理 Pandas 数据。

（15）Mayavi2 是一个通用的、跨平台的三维科学数据可视化工具。可以在二维和三维空间中显示标量、向量和张量数据。可通过自定义源、模块和数据过滤器轻松扩展。Mayavi2 也可以作为一个绘图引擎生成 Matplotlib 或 gnuplot 脚本，也可以作为其他应用程序的交互式可视化的库，将生成的图片嵌入其他应用程序中。

（16）Leather 是一种可读且用户界面友好的 API。图像成品非常基础，适用于所有的数据类型，针对探索性图表进行了优化，产生与比例无关的 SVG 图，这样在调整图像大小的时候就不会损失图像质量。

第 *21* 章

中药配方可视化展示

CHAPTER *21*

21.1　案例简介

各个药物因为剂量不同,相互间会形成不同的配伍,从而产生不同的功效。组方中药量大小的变化可改变其功效,因此,组方时对药量应严格要求。中药配方可进行可视化展示,这有利于清楚地观察其成分。

以图形展示中药成分比例,需要使用什么样的图形界面呢?

1. Python 中的三种代表性图形模块

(1) turtle 库是 Python 语言中一个很流行的绘制图像的函数库。想象一只小乌龟,在一个横轴为 x、纵轴为 y 的坐标系原点(0,0)位置开始,根据一组函数指令的控制,在这个平面坐标系中移动,从而在它爬行的路径上绘制了图形。turtle 库是一种标准库,是 Python 自带的。turtle 有一个海龟在窗口的正中心,在画布上游走,走过的轨迹形成了绘制的图形,海龟由程序控制,可改变颜色及宽度等。

(2) Matplotlib 是 Python 的绘图库,它能让使用者很轻松地将数据图形化,并且提供多样化的输出格式。Matplotlib 可以用来绘制各种静态、动态、交互式的图表。Matplotlib 是一个非常强大的 Python 画图工具,可以使用该工具将很多数据通过图表的形式更直观地呈现出来。Matplotlib 可以绘制线图、散点图、等高线图、条形图、柱状图、3D 图形,甚至是图形动画,等等。

(3) Tkinter 是 Python 自带的标准 GUI 库,无须另行安装,它支持跨平台运行,不仅可以在 Windows 平台上运行,还支持在 Linux 和 mac 平台上运行。Tkinter 编写的程序,也称为 GUI 程序(Graphical User Interface,图形用户界面),主要包括:窗口和各种控件,如Button(按钮控件)、Label(标签控件)、Entry(文本输入框控件)、列表框、选项按钮、标签等控件。

2. 案例需求与界面技术

(1) 案例的需求主要有三点。
① 文字显示配方信息。
② 图形展示配比饼图。
③ 检索各种配方的要求。
(2) 案例的界面技术把握三点。
① Tkinter 可以设计 GUI 程序以交互操作、文字显示、检索操作。
② turtle、Matplotlib 都可以展示饼图。
③ turtle 以布线方式画图,Matplotlib 适合画函数图。
虽然 Matplotlib 最适合画饼图,但本案例利用 turtle 绘制饼图,在案例的“拓展”中也提供了 Matplotlib 画饼图的代码,可以参照学习。

3. 案例分析

(1) 中药方文本格式包括:中药方名,功能主治,配比成分,如图 21-1 所示。

（2）案例功能包括以下三个。

① 选择方名，通过文本框显示"功能主治"和"配比成分"信息。

② 根据输入的关键词检索匹配的药方。

③ 展示药方的成分配比饼图。饼图各成分由大到小，并以不同颜色显示。

成分配比饼图如图 12-2 所示。

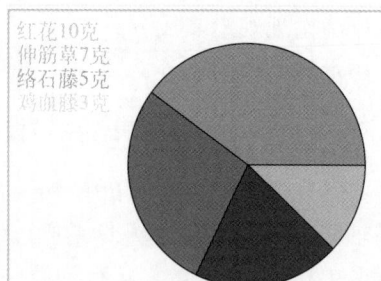

```
中药方名:舒筋活血方
功能主治:筋骨疼痛,肢体痉挛,腰背酸痛,跌打损伤。
配比成分:红花10克,络石藤5克,伸筋草7克,鸡血藤3克。
中药方名:大黄通便方
功能主治:实热食滞,便秘,食欲不振。
配比成分:大黄10克,醋香附8克,泽兰6克。
中药方名:活血止痛方1
功能主治:活血散瘀,消肿止痛,跌打损伤。
配比成分:当归10克,三七5克,土鳖虫3克。
```

图 21-1　中药方文本格式

图 21-2　成分配比饼图

中医药已经迎来了人工智能和大数据时代。通过本案例，读者将了解基本的信息处理过程，希望读者们将来在更高层次上利用 Python 进行各种应用开发。

21.2　相关知识

1. turtle 绘图方法

turtle 绘图时，有一只海龟在窗口正中心的画布上游走，走过的轨迹形成了绘制的图形，海龟由程序控制，可改变颜色和宽度等。

2. turtle 绘图窗口和坐标系

启动 turtle 绘图后，会出现一个窗口，这个是 turtle 的画布，使用的最小单位是像素；其中可以通过 turtle.setup(width,height,startx,starty)来设置窗口初始位置及大小。窗口中心位置为海龟空间坐标体系的原点(0,0)。可以用 turtle.goto(x,y)来让海龟从当前位置走到(x,y)。turtle 海龟坐标系如图 21-3 所示。

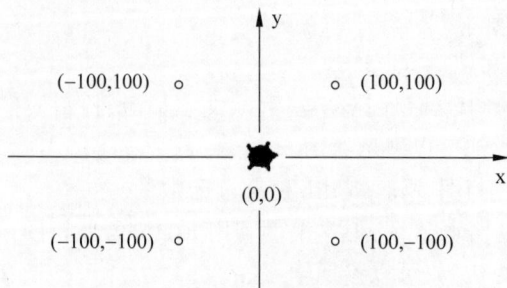

图 21-3　turtle 海龟坐标系

3. turtle 海龟的转向和行进

（1）绝对角度。turtle.seth(angle)改变海龟的游走的绝对方向。

（2）相对角度。turtle.left(angle)，turtle.right(angle)改变海龟相对方向。

（3）turtle.fd(d)表示向海龟前方移动（相对）。

（4）turtle.bk(d)表示向海龟后方移动（相对）。

turtle 海龟行走方向如图 21-4 所示。

（5）下面的代码中，①海龟初始向左转向 45°，前行 150 像素；②向右转向 135°，前行 300 像素；③向左转向 135°，前行 150 像素。turtle 海龟三次转向前进示意图如图 21-5 所示。

```
import turtle
turtle.left(45)
turtle.fd(150)
turtle.right(135)
turtle.fd(300)
turtle.left(135)
turtle.fd(150)
```

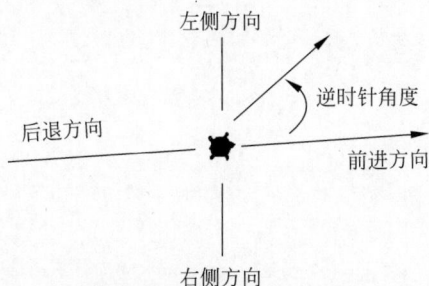

图 21-4　turtle 海龟行走方向（角度是逆时针的角度）　　图 21-5　turtle 海龟三次转向前进示意图

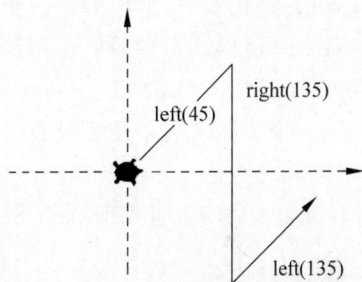

4. 案例所涉及的 turtle 函数

案例所涉及的 turtle 函数如表 12-1 所示。

表 12-1　案例所涉及的 turtle 函数列表

函　　　　数	功　　　能
turtle.setup(600,380,600,30)	窗口的大小和位置
turtle.penup()	画笔抬起
turtle.goto(−290,150)	绝对定位到(−290,150)坐标点
turtle.seth(0)	画笔绝对角度设置为 0（正东）
turtle.pendown()	画笔落下
turtle.color(c)	设置画笔颜色为 c，如"blue"
turtle.write('显示文字',font＝('宋体',20))	显示文字
turtle.fillcolor(clr)	指定填充色为 clr
turtle.begin_fill()	开始填充
turtle.forward(d)	前进 d 长度

续表

函　　数	功　　能
turtle.left(90)	左转 90°
turtle.circle(r,a)	绘制半径 r、圆心角 a 的弧线
turtle.goto(0,0)	海龟回到原点
turtle.end_fill()	结束填充
turtle.done()	结束绘制

5. turtle 画圆函数

通常可用 turtle.circle(r,angle) 绘制半径 r、圆心角 angle 的弧线；r 为默认圆心在海龟左侧 r 距离的位置。其完整语法格式如下。

turtle.circle(radius, extent = None, steps = None)

（1）第一个参数 radius 是半径，可以是负数。

① radius 是正数时，圆心在左侧、逆时针画；

② radius 是负数时，圆心在右侧、顺时针画。

（2）第二个参数 extent 是圆心角的大小，可以是负数。

① extent 是正数时，逆时针画弧形；

② extent 是负数时，顺时针画弧形；

③ extent 可以省略，默认为 360°。

（3）第三个参数 steps 是线段数。

① 起点到终点由 steps 条线段组成；

② steps 可以省略，省略时画弧形。

6. 画波浪线实例

代码如下：

```
import turtle
turtle.setup(650,350,200,200)          # 设置屏幕位置
turtle.penup()                         # 抬起画笔
turtle.fd(-250)                        # 向后退 250(此时不画)
turtle.pendown()                       # 画笔落下
turtle.pensize(25)                     # 画笔宽度为 25
turtle.pencolor("blue")                # 画笔颜色为蓝色
turtle.seth(-40)                       # 向右转 40
for i in range(4):
    turtle.circle(40,80)               # 圆心在左侧、半径 40 画、圆心角为 80°(向下弯)
    turtle.circle(-40,80)              # 圆心在右侧、半径 40 画、圆心角为 80°(向上弯)
turtle.done()                          # 结束绘画
```

运行效果如图 21-6 所示。

图 21-6　turtle 绘制波浪线

21.3 案例设计

本案例将中药知识、Thinter 图形界面、文件、列表和 turtle 绘图等内容有机结合,运用
Python 程序设计绘制中药的配方饼图,同时进行文本检索,为进一步自主设计综合性案例
奠定基础,如图 21-7 所示。

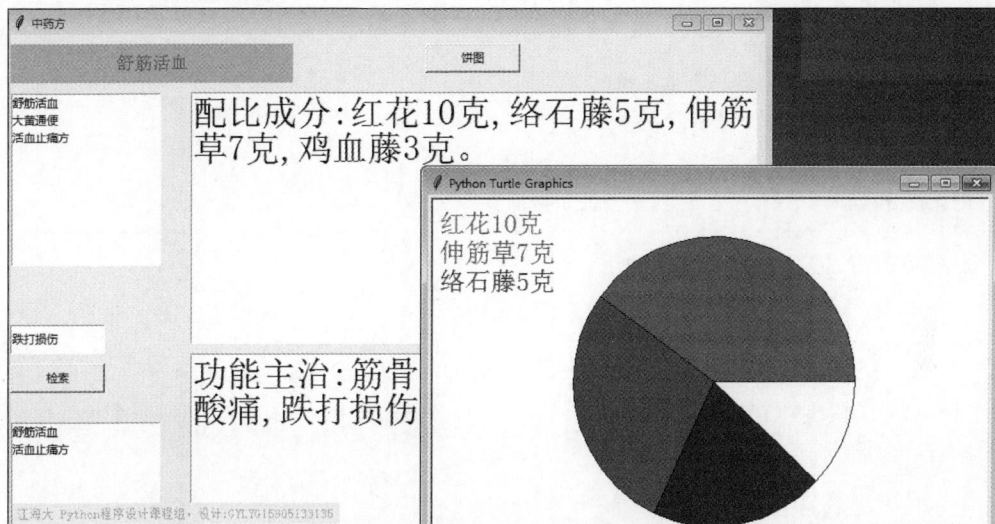

图 21-7 中药知识界面图

1. 主要界面设计

主要界面设计包括主窗口(名为 window)、"功能主治"文本框、"配比成分"文本框。名
称列表、功能列表、成分列表的初始化,代码如下:

```
import tkinter as tk
import math
import numpy as np
window = tk.Tk()
window.title('中药方'); window.geometry('800x600')
var1 = tk.StringVar()
l = tk.Label(window, bg = 'silver',fg = 'red', font = ('宋体',14), textvariable = var1)
l.place(x = 0, y = 10, width = 300, height = 40)          #width = 14
t1 = tk.Text(window,font = ('宋体',28))
t1.insert('end', '功能主治:')
t1.place(x = 191, y = 330, width = 600, height = 260)
t2 = tk.Text(window,font = ('宋体',28))
t2.insert('end', '配比成分:')
t2.place(x = 191, y = 60, width = 600, height = 260)

yaoLst = []
mcLst = []                              #名称列表
gnLst = []                              #功能列表
cfLst = []                              #成分列表
```

2. 从文件中获取中药配方文本

从中药方 TXT 文件中，读取所有配方，分离名称、功能主治、配比成分分别存放到 mcLst、gnLst、cfLst 三个列表中。

```
'中药方.txt'文件内容格式:
中药方名:舒筋活血方
功能主治:筋骨疼痛,肢体痉挛,腰背酸痛,跌打损伤。
配比成分:红花 10 克,络石藤 5 克,伸筋草 7 克,鸡血藤 3 克。
中药方名:大黄通便方
功能主治:湿热食滞,便秘,食欲不振。
配比成分:大黄 10 克,醋香附 8 克,泽兰 6 克。
中药方名:活血止痛方 1
功能主治:活血散瘀,消肿止痛,跌打损伤。
配比成分:当归 10 克,三七 5 克,土鳖虫 3 克。
```

读取中药方 TXT 文件，代码如下：

```
def getZyText():
    global yaoLst
    f = open('中药方.txt', 'r')
    data = f.read()                       #读出文件中的所有内容,返回字符串
    f.close
    yaoLst = data.split('\n')             #最大限度以换行分隔
    num = len(yaoLst)//3
    for i in range(num):
        mcLst.append(yaoLst[3 * i])       #名称
        gnLst.append(yaoLst[3 * i + 1])   #功能主治
        cfLst.append(yaoLst[3 * i + 2])   #配比成分
    for i in range(num):
        s = mcLst[i]
        mcLst[i] = s[5: - 1]
return num
n = getZyText()
```

3. 定义一个方名列表框和检索列表框

定义一个方名列表框并用中药方的名称列表（mcLst）初始化列表项。设置药方数目，定义检索列表框。

```
var1.set(str(n) + '个药方')
var2 = tk.StringVar()
var2.set(mcLst)
lieb = tk.Listbox(window, listvariable = var2)        #定义一个方名列表框
lieb.place(x = 0, y = 60, width = 160, height = 180)

var3 = tk.StringVar()
var3.set([])
slieb = tk.Listbox(window, listvariable = var3)       #定义一个检索列表框
slieb.place(x = 0, y = 400, width = 160, height = 180)
```

4. 方名列表框的单击事件和绑定

使用 bind()方法绑定 listbox_click()函数为列表框单击事件的关联函数,在其中调用 do_selection(value),value 代表选中的列表项目,代码如下:

```
def do_selection(value):
    n = mcLst.index(value)
    t1.delete('1.0','end')              # 清空编辑框
    t2.delete('1.0','end')              # 清空编辑框
    t1.insert('end', gnLst[n])
t2.insert('end', cfLst[n])
# 列表框单击事件绑定函数
def listbox_click(event):
    try:
        k = lieb.curselection()
        value = lieb.get(k[0])          # 获取列表框的选中内容
        var1.set(value)
        do_selection(value)
    except:
        print('请再单击试试')
# 所有方名 - 列表框绑定函数
lieb.bind('<< ListboxSelect >>', listbox_click)
```

5. 检索列表框的单击事件和绑定

对于检索列表框的一个选择 k,k[0]代表所选首项,通过 get(k[0])获取所选,代码如下:

```
def slistbox_click(event):
    try:
        k = slieb.curselection()
        value = slieb.get(k[0])         # 获取列表框的选中内容
        var1.set(value)
        do_selection(value)
    except:
        print('请再单击试试')

# 检索列表框绑定函数
slieb.bind('<< ListboxSelect >>', slistbox_click)
```

6. 检索按钮和输入框

在所有药方列表 yaoLst 中检索所输入关键字,找出所有对应的药方名,一并加入检索列表框,代码如下:

```
def btn_click():
    var3.set([])
    lst = []
    value = e.get()                     # 获取输入框的内容
    num = len(yaoLst)
    for i in range(num):                # 在所有药方列表 yaoLst 中检索所输入
```

```
            if value in yaoLst[i]:
                k = i//3
                lst.append(mcLst[k])        ♯将检索到的名称加入 lst
var3.set(lst)                               ♯用 lst 设置检索列表框

e = tk.Entry(window)
e.place(x = 0, y = 300, width = 100, height = 30)

b1 = tk.Button(window, text = '检索', width = 15,  height = 2, command = btn_click)
b1.place(x = 0, y = 340, width = 100, height = 30)
```

7. 颜色的初始设定

```
import turtle
clr = ['red', 'green', 'blue', 'yellow', 'purple', 'orange', 'silver']
ck = []
```

8. 分离成分名和克数，获取成分配比

切片出成分文本，成分文本以逗号分隔成列表，对每个成分取一个成分配比，代码如下：

```
♯参数 s 是名称和克数,例如: 红花 3 克
def GetMN(s):                               ♯分离成分名和克数
    n = len(s)
    for i in range(n):
        if '0'< = s[i]< = '9':break          ♯配比以数字开始
    k = s.find('克')
      return s[0:i],eval(s[i:k])             ♯s[i:k]切片出配比

def getPeibi():                             ♯获取成分配比 - > ck 列表
    ck.clear()
    pbtxt0 = t2.get('1.0','end')
    k = pbtxt0.find(':')
    pbtxt = pbtxt0[k + 1:]                   ♯切片出成分文本
    lst = pbtxt.split(',')                   ♯成分文本以逗号分隔成列表
    n = len(lst)
    if n == 0:
        return False
    else:
        for i in range(n):
            mn = GetMN(lst[i])               ♯取一个成分配比
            ck.append(mn)
        return True
```

9. 绘制饼图的一个部分

根据起始角度、绘制跨度、填充颜色绘制饼图的一个扇形部分，代码如下：

```
♯a 绘制部分的起始角度,da 绘制跨度,clr 填充颜色
def pie(a,da,r,clr):
```

```
turtle.penup()
turtle.goto(0,0)
turtle.seth(a)
turtle.pendown()
turtle.fillcolor(clr)
turtle.begin_fill()
turtle.forward(r)
turtle.left(90)
turtle.circle(r,da)
turtle.goto(0,0)
turtle.end_fill()
```

10. 绘制饼图和按钮

用 getPeibi()函数得到成分列表的元素形式(成分名,克数),以克数反序,将克数取出形成列表,将所有克数计算转换为配比再转换为角度,绘制所有的扇形,显示所有成分名与克数,代码如下:

```
def btbtn_click():
  try:
    getPeibi()                   #所得的列表的元素形式(成分名,克数)
    newCK = sorted(ck,key = lambda x: x[1],reverse = True)#以克数反序
    num = len(newCK)
    keshuLst = [newCK[i][1] for i in range(num)]         #将克数取出形成列表
    allks = sum(keshuLst)
    da = [ 360 * keshuLst[i]/allks for i in range(num)]  #将所有克数转换为配比再转换为角度
    turtle.setup(400,380,600,30)
    turtle.clear();     turtle.delay(0)
    a = 0;     r = 150
    for i in range(num):                                 #绘制所有的扇形
        c = clr[i] if i < 7 else clr[6]
        pie(a,da[i],r,c)                                 #绘制饼图的一个扇形
        a = a + da[i]
    turtle.setup(600,380,600,30)
    turtle.penup()
    turtle.goto( - 290,150)
    turtle.seth(0)
    turtle.pendown()
    for i in range(num):                                 #显示所有成分名与克数
        c = clr[i] if i < 7 else clr[6]
        turtle.color(c)
        turtle.write(newCK[i][0] + str(newCK[i][1]) + '克',font = ('宋体',20))#显示成分名与克数
        turtle.penup()
        turtle.goto( - 290,150 - (i + 1) * 30)
        turtle.seth(0)
        turtle.pendown()
    turtle.done()
  except:
    print('请选择一项')
bt = tk.Button(window, text = '饼图', width = 15,   height = 2, command = btbtn_click)
bt.place(x = 440, y = 10, width = 100, height = 30)
```

🔑 21.4　案例结语

本案例涉及的先前知识包括文件、列表、切片、turtle 绘图、Tkinter 界面。具体的库函数包括 open、read、split、append、eval、find、sorted 等函数。自定义函数主要有 4 个：pie 绘制饼图的一个部分、getPeibi 获取成分配比、GetMN 分离成分名和克数、getZyText 从文件中获取中药配方文本。

界面设计包括 turtle 窗口、Tkinter 窗口、列表框、输入框、按钮。

重点：turtle 绘图，open()，read()，split()，append()，eval()，find()，sorted()等方法。

难点 1：更新 text 框的方法。

```
t.delete('1.0','end')                          ＃清空 text 框
t.insert('end', 文本)                          ＃插入文本
```

难点 2：关键字排序和推导式列表。

```
getPeibi()                                     ＃获取配比到 ck 列表
newCK = sorted(ck,key = lambda x: x[1],reverse = True)   ＃按克数逆序
num = len(newCK)
keshuLst = [newCK[i][1] for i in range(num)]    ＃克数列表
allks = sum(keshuLst)                          ＃allks 代表克数总和
da = [ 360 * keshuLst[i]/allks   for i in range(num)]    ＃各部分的占比跨度列表
```

拓展 1：利用 Matplotlib 绘制饼图。代码如下：

```
import matplotlib as mpl
import matplotlib.pyplot as plt
mpl.rcParams["font.sans - serif"] = ["SimHei"]
＃指定字体为 SimHei,用于显示中文,避免乱码
mpl.rcParams["axes.unicode_minus"] = False
＃用来正常显示符号
g = ["一","二","三","四","五"]
c = ["r","b","g","y","c"]
t = [1237,2134,3456,2345,1245]
＃上面定义饼图的各成分名称、颜色、数值
plt.pie(t,labels = g,autopct = "%3.1f%%",startangle = 60,colors = c)
＃autopct = "%3.1f%%" 代表三位数,其中一位是小数位
plt.title("饼图")
plt.show()
```

运行效果如图 21-8 所示。

拓展 2：Seaborn 绘图。

Seaborn 是 Matplotlib 的更高级封装。因此学习 Seaborn 之前,首先要掌握 Matplotlib 的绘图知识。对于 Matplotlib 中的函数,也可以在使用 Seaborn 绘图之后使用。Seaborn 绘图的优点如下。

(1) 使得绘图更加容易,无须了解大量的参数,就可以绘制出比较精致的图形。

(2) 在组织数据上,Seaborn 与 NumPy、Pandas 兼容一致,从而可更快捷地完成数据可视化。

下面通过一个示例来学习 Seaborn 究竟如何绘图。有一个 Excel 文件 data.xlsx,其内容是关于若干品牌商品的销售量数据,如图 21-9 所示。

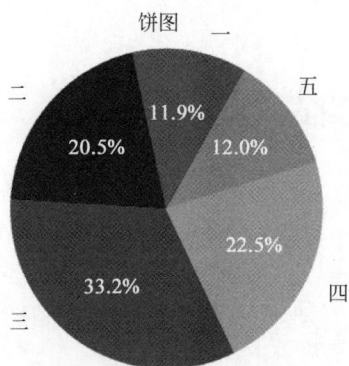

图 21-8　本案例绘制的饼图

图 21-9　品牌商品销售量数据文件内容

在确保安装相关库的情况下,显示"品牌商品销售量"的柱状图,代码如下:

```
import seaborn as sns
import matplotlib.pyplot as plt
import numpy as np
import pandas as pd
df = pd.read_excel("data.xlsx",sheet_name = "数据源")
plt.rcParams["font.sans - serif"] = ["SimHei"]
plt.rcParams["axes.unicode_minus"] = False
sns.barplot(x = "品牌",y = "销售量",data = df,color = "steelblue")
plt.title('品牌销售柱状图')
plt.show()
```

运行结果如图 21-10 所示。

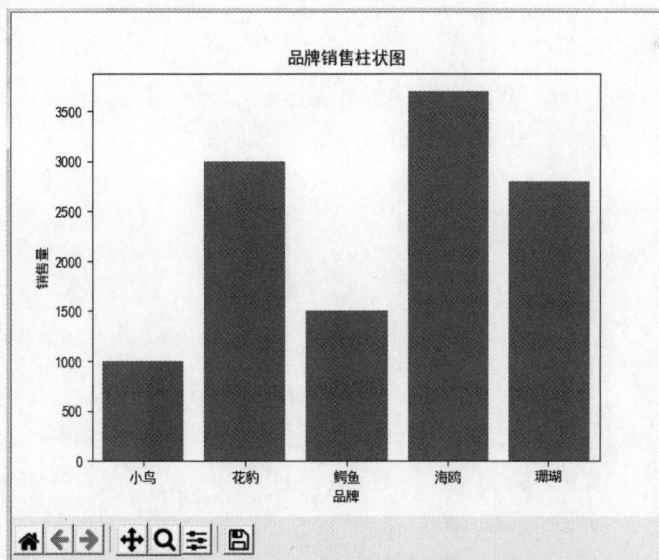

图 21-10　Seaborn 绘制品牌商品销售量柱状图

可以进一步扩展中药配方案例内容,如增加中药成分的图片等。充分利用 Python 的函数和语法特点可以高效率编程。

参 考 文 献

[1] 嵩天,礼欣,黄天羽.Python 语言程序设计基础[M].2 版.北京:高等教育出版社,2017.
[2] 江红,余青松.Python 编程从入门到实战:轻松过二级[M].北京:清华大学出版社,2021.
[3] 王霞,王书芹,郭小荟,等.Python 程序设计(思政版)[M].北京:清华大学出版社,2021.
[4] 明日科技.零基础学 Python[M].长春:吉林大学出版社,2018.
[5] 苏小红,李东,唐好选,等.计算机图形学实用教程[M].4 版.北京:人民邮电出版社,2020.
[6] 冯旺军,戴剑锋.大学物理[M].2 版.北京:科学出版社,2021.
[7] 同济大学数学系.高等数学[M].7 版.北京:高等教育出版社,2014.
[8] 汤国安.地理信息系统教程[M].2 版.北京:高等教育出版社,2019.
[9] 张旖,尹传志.港口物流[M].上海:上海交通大学出版社,2012.
[10] 曾康霖.金融学教程[M].北京:中国金融出版社,2006.
[11] 钟赣生,杨柏灿.中药学[M].北京:中国中医药出版社,2021.